Eine Handwerkskunst im Focus Buch 2 Teil2

“Stein für Stein gesetzte Ordnung, ist eine Handwerkskunst, aus dem Bilder, Geschichten und Gefühle entstehen. Manchmal mühselig und manchmal leicht, manchmal hart und manchmal weich… ”

„ Es ist neblig und in der Luft herrscht Dunst, doch von weitem auf dem Boden, sieht man etwas Pflasterkunst. Aus dem Blick, wer es weiß und wer es kennt, der sieht ein buntes Ornament. Es liegen Steine kreuz und quer und auch wild und trotzdem erscheint ein Pflasterbild…“(R. Sikorski 2021)

Pflasterkunst und die Gestaltung, ein Buch mit sieben Siegeln, dessen Geheimnis in der Vielfalt der Pflasterverbände und in der Künstlerischen „Ader“ des Steinsetzers liegt.

Gestaltung mit Natursteinpflaster und das zuordnen zur jeweiligen Flächenbeschaffenheit und an dessen Äußerlichkeiten optimal zu platzieren, ist nicht einfach. Es gehört mehr dazu, als einfach nur pflastern. Im Buch „Kunst und Gestaltung in der Praxis“ das ich 2009 verfasste, beschrieb ich schon viele, bis zum Teil wesentliche Punkte und Herrangehensweisen, wie Gestaltungen von Pflasterflächen betrachtet werden sollten, wie man sie nutzen kann. Bsp. erwähne ich dort das Wort Schnitte, das nichts anderes bedeutet, wie sind Achsen an vorhandenen Gebäuden, Gelände, Flächen zu beurteilen. Ein Kriterium das für feste Bauteile wie Randeinfassungen/Befestigungen, sehr wichtig ist.

Aber nicht nur dafür, Schnitte, oder Achsen, sollten sich unsichtbar wiederholen, sollten nicht gegensätzlich wirken, sollen nicht das Gefühl erwecken, hier stimmt etwas nicht. Und das kann man anhand, Bsp. Hofanlagen schnell ausmachen, denn das rundherum, Gebäude, geben Schnitte/Achsen vor, bzw. verdeutlichen „Ungereimtheiten“.

Ferner habe ich damals in dem Buch auf Läufer hingewiesen, auch Fries oder Borde wie auch Zierstein genannt. Ein weiteres sehr wichtiges Kriterium in der Gestaltung mit Pflasterbelägen, zumal ein gewisser Teil, gar pflicht ist, um generell ein Pflasterfläche hervorzuheben.

Gestaltungen haben also eine Struktur und das müssen sie haben, damit ein Gesamtbild entsteht, das weder Anarschisch noch Willkürlich wirkt, sondern eine wohlbefindende Stimmung erzeugt. Doch sind heute die Meinungen diesbezüglich oft sehr Kontra, in dem die These aufgestellt wird, alles liegt im Auge des Betrachters, das stimmt,alles Geschmacksache, das stimmt nicht, denn darüber kann man und teilweise muss man, streiten. Warum es so nicht stimmt, wie es heute gerne als „Totschlag“ Argument benutzt wird, soll dieses Buch erklären, das an das damalige Buch „Kunst und Gestaltung“ angelehnt ist.

„Die Regeln der Gestaltungskunst/Architektur, sind grundsätzlich einzuhalten(Pflicht)...“

Die Problematik

Anhand vieler gegenwärtigen Gestaltungen von Pflasterbelägen, ob Naturstein oder Beton, ist auf den ersten Blick schon erkennbar, es wird oftmals „Kopflos“ gepflastert, gehandelt, mit Ergebnissen wo ein Kopfschütteln gelinde geäußert, noch eine harmlose Reaktion ist, aber schon erkennen lässt, tut schon weh. Heute wird einfach gemacht, egal wie es aussieht, welchen Zweck es dient, macht es Sinn oder nicht, Pflaster rein und fertig. Und schon bei den einfachsten Pflasterungen, zeigt sich, es wird einfach gemacht, abgehandelt.

Und dann kommt so etwas zum Vorschein, das zwar ein Paar Regeln befolgt, aber gleichzeitig die Unfähigkeit demonstriert, einen Pflasterverband richtig zu nutzen, ihn so zu platzieren das es zumindest ein wenig Sinn ergibt. Auch dieses formatierte Naturpflaster kann man so anordnen, damit es ein einigermaßen Stimmiges Bild ergibt, auch bei diesem Nebenschauplatz(Verkehrsinsel). Ein Reihenverband zu den Längsachsen der Bordsteine, hätte es zwar auch nicht viel Ästhetiker gemacht, aber ruhiger. Denn man hätte den unsichtbaren Schnitt erkennen können. Und so wie hier die Diagonalen zu sehen sind, macht das Ganze, entgegen der Achsen, unruhig.

Die Fragen warum, die lassen sich sehr oft einfach erklären. War so gewünscht, oder sogar vorgegeben, Kunde ist König. Ausrede für Ausrede und die Verantwortlichkeit, die man ja nicht hat, kann ja nichts dafür. Sozusagen „ich wasche meine Hände in Unschuld“ Wenn es jedoch so einfach ist, dann wäre es so. Doch das ist oftmals ein Trugschluss, zwar nicht immer, aber sehr oft.

Liegt es an der Ausbildung, an der Unfähigkeit selbst, ist es vielleicht Bequemlichkeit, oder nur „Hörigkeit“ um Diskussionen, fachliche Hinweise aus dem Wege zu gehen, denn der Kunde, egal welcher, ist König?

Tja, von alle dem steckt etwas in den „Ausreden“ und das ist ein weitgreifendes Problem, das zum einen Anarchische Gestaltungen ermöglicht und diese dann ausgeführt werden. Es wird bestellt und es wird geliefert. Egal wie es, letztendlich aussieht. Das sog. Erwachen dann, kommt, wenn sowas nicht „Anerkannt“ wird, quasi einfach hingenommen, oder derjenige bekommt kein richtiges Feedback. Dieses wiederum kann er nicht bekommen, da Gestaltungen im Pflasterbereich, erst recht, wenn sie Öffentlich sind, keinen Anspruch mehr dienen, sondern nur rein als Befestigung von Flächen betrachtet werden.

Pflastergestaltungen heute, sind durch das Fehlen vernünftiger Gestalter(Planer) nur noch dem wirtschaftlichen Zweck ausgesetzt und da würde jedes Detail stören, da es Zeit nimmt und Kosten produziert. So in etwa wird es gerne rhetorisch verpackt um u.a die Unfähigkeit nicht in Erscheinung zu bringen, da die Fähigkeit im heutigen Planungsbereich abhandengekommen ist. Dabei ist es, aus meiner Sicht, Bequemlichkeit, wenn nicht sogar Faulheit, denn diese kalten Argumente sind zum großen Teil, haltlos. Denn und das wurde damals schon im 1.Teil Kunst und Gestaltung notiert, sind es manchmal ganz einfache Dinge, Gestaltungs-Grundlagen, die in keiner Weise aufwendig sind und auch Kosten, wie es gerne suggeriert wird, nicht erhöhen, weder explodieren lassen. Man muss sich „nur“ mal wieder zurück besinnen und den Sinn einer Pflasterung eruieren, quasi alte Tugenden wieder aufmachen und ein Resümee daraus ziehen.

Man wird entdecken das Pflasterungen zwar in ihrer „Deutung“ Flächen-Befestigung heißt, bedeutet aber, mit einigem mehr als das. Das Auge lenken, Wohlgefühl erzeugen, zum Verweilen einladen, zum Staunen und auch zum Lesen, lesen der Idee wie sowas zustande kommt, einfach Ruhe erzeugen usw…

Was ist zu tun? Wie erlernt man das Gestalten, bzw. Planungen mit Pflaster zu erstellen? Wie sollte ich es verstehen, welche Mittel sind dafür wichtig, geeignet und wie setze ich es um. Da ich in dem Vorgänger Buch von 2009 schon die theoretischen Grundlagen ziemlich ausführlich dargestellt habe, möchte ich in diesem Teil das ganze etwas mehr praktisch erklären und darstellen.

Pflastern, Steine versetzen mit Naturstein(Pflaster) ist eine Handwerkskunst, sie ist sehr speziell und man benötigt einiges an Geschick, Talent, Kreativität, Muse und Einfühlvermögen. Eigenschaften, die man oberflächlich betrachtet, einem Handwerk mit Steinen so sicherlich nicht zutraut. Doch um Natursteinpflasterungen ihren dazu gehörigen Antlitz zu verleihen, den Zweck, den es dienen soll, die Strapazierfähigkeit das es aushalten muss, kann man, ohne dass man darauf spezialisiert ist, nicht so einfach machen, quasi so mal eben, denn das geht generell nach hinten los und es kommen dann „Pflasterungen“ zum Vorschein, die in ihrer ganzen Zusammenstellung, substanzlos sind, in allen Bereichen.

Pflastern mit Natursteinpflaster ist historisch und ursprünglich, das sollte man immer beherzigen und wird dann feststellen können, es ist eine Kunst mit höchsten Anspruch das einen gereiften Wissenstand benötigt um diesen Anspruch genüge zu leisten.

Ein Pflasterer/Steinsetzer benötigt daher sehr viel an Wissen, zahlreiche „Listen“ muss er im Kopf haben und zum Abruf bereitstellen, wenn er pflastert. Egal, ob einfache Nutzflächen, Anspruchsvolle gestaltete Flächen oder Kunst/Ornamentik, er sollte auf alles, zumindest vieles, Antworten haben, Handwerkszeug das nicht nur aus Gerätschaften oder Werkzeugen besteht, sondern auch über einen großen Wissenstand, den man u.a auch, erweitern muss.

Handwerkszeug:

Das wichtigste im Naturpflasterbereich, sind die Verbände, die Standard Verbände wie,

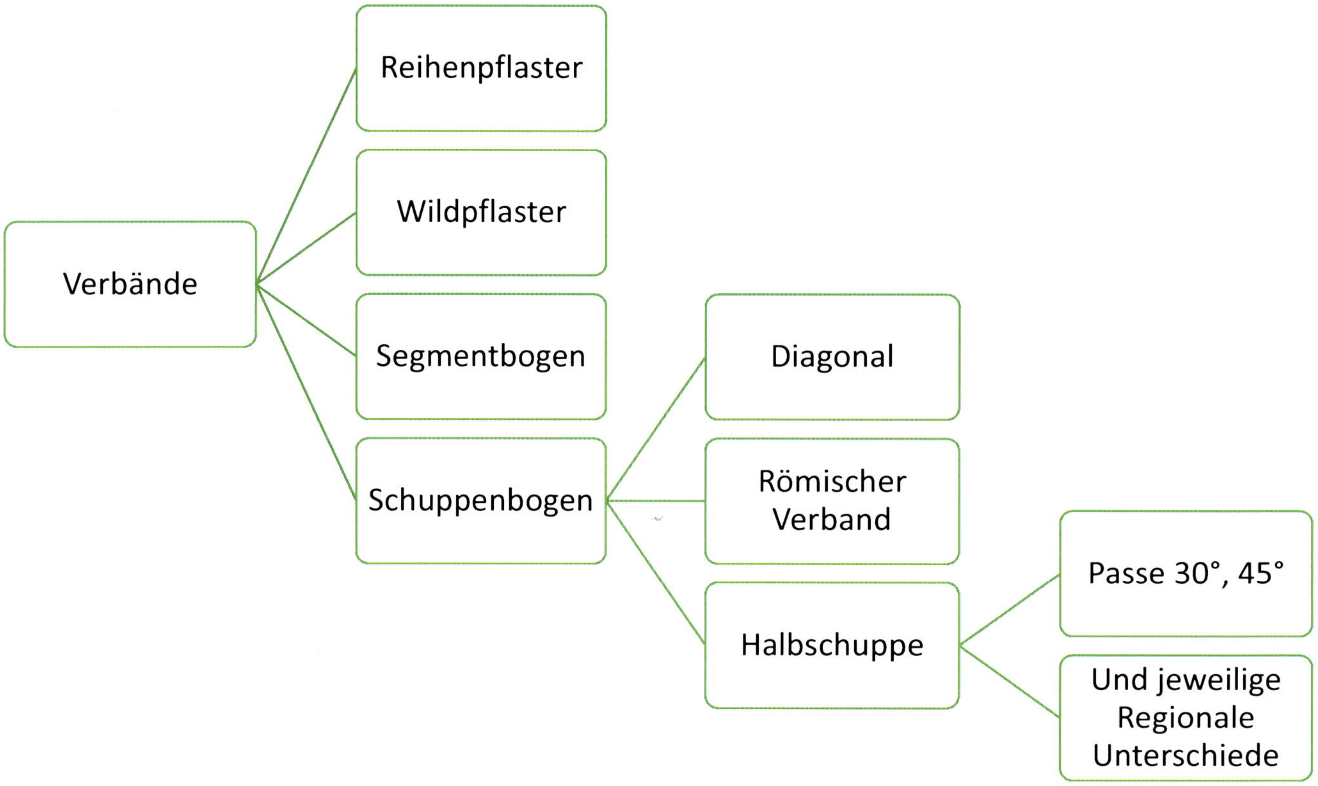

Dazu gibt es noch besondere historische Pflasterarten, die sich vom wesentlichen pflastern nur durch das Material Stein (Form) unterscheiden.

- Feldstein oder
- Lesesteine oder
- Fußkiesel wie auch Katzenköpfe.

Es ist wichtig und von Vorteil, soviel Verbände wie nur möglich zu kennen und diese auch pflastern zu können. Damit legt man sich schon einen großen Grundstock zu und kann reagieren und agieren. Denn das eine ist diese Verbände zu pflastern, das andere sie zu zuordnen, also die Authentizität. Wo gehört was hin? Dann kann ich hiermit Variablen nutzen, kann sie gestalterisch mischen und wiederum eine Teils-Authentizität erzeugen, Bsp. Rekonstruktionen/Restaurierungen, denn auch das ist ein Bestandteil der Pflasterkunst. Alles in allem, ein Wissensspektrum von wichtiger Bedeutung. Dazu kommt dann auch noch die Qualität des Pflasters richtig einzuschätzen. Was geht, was geht nicht…

Beispiel: Segmentbogen und Passe. Der Grund für diese Zusammenstellung, die Qualität der Pflastersteine. Da nur begrenztes Material für den Segmentbogen vorhanden war, und der restliche Teil der Steine von dieser Schlagung, sehr nachteilig für den Segmentbogen waren, wurde in der Gestaltung das Passe an Nebenplätzen mit verwendet und somit Gestalterisch wie auch Authentisch, im Gleichgewicht gehalten.

Wie bekomme ich einen Einklang, zwischen Umgebung/Gebäuden und den Pflasterflächen zustande. Das sollte für den Pflasterer/Steinsetzer immer eine Frage sein, die er anhand des Steines, vorhanden oder zur Auswahl und des Verbandes klären kann, bzw. sollte. Hier kann er sein Einfühlvermögen für die richtige Entscheidung testen, oder zeigen das er Authentizität vermitteln kann. Das ist grundsätzlich wichtig, damit die Pflasterung stimmig wirkt.

Natursteine und Pflaster sind authentisch, daher sensibel, wenn man es verarbeitet und durch seine Ursprünglichkeit darauf angewiesen, Strukturen zu bilden, die aussagekräftig sind und durch eine „unsichtbare“ Ordnung ein System erkennen lässt. Ein willkürliches „System“ dagegen, lässt eine Naturpflasterfläche peinlich erscheinen. Naturpflasterflächen, egal wie sie konzipiert sind oder werden, haben einen Eindruck zu vermitteln und sollen nicht an einer Verzweiflungstat erinnern. Jedes noch so kleine Detail ist wichtig, sehr wichtig.

Für den Pflasterer/Steinsetzer stellen Anlagen, die gepflastert werden sollen, immer vor eine immense Aufgabe, da in den allermeisten Fällen, die Pflasterung die letzte Investition ist. D.h, alles ist so weit fertig, das Äußere sichtbar, markant und endgültig und nun muss noch die Pflasterfläche in das ganze hinein interpretiert werden.

Er muss in der Lage sein die gegebenen „Räumlichkeiten" zu verifizieren, muss sich einen Überblick verschaffen, um die Situation zu bewerten, was wäre zu tun.

Das ist die Herausforderung für einen Pflasterer, der im Gestaltung-Planungsbereich die richtige Balance finden muss und den Kunden als „König" betrachten, der letztendlich dafür investiert. Balance bedeutet in diesem Zusammenhang, Kundenwünsche und Vorstellungen in das Umzuwandeln, das dieser das bekommt was für ihn tatsächlich gut ist, jedoch nicht das was er unbedingt will.

Beispiel: Wenn ein „Kunde" egal welchem Klientel konkrete Vorstellungen hat, die sich einfach bis kompliziert darstellen können, heißt das noch lange nicht , gute Idee. Denn, vieles muss,

- Realisierbar sein-
- Technisch möglich sein-
- Konform sein-
- Zweckgebunden sein-
- Stimmig sein-
- Schön sein-

Für Fachleute, die einfach nur Geld generieren wollen, einfach machen, wie der gegenüber es will, Interessieren diese „Punkte" nicht. Sie nutzen gerne die Pontius Pilatus Manier und waschen ihre Hände, mit dem Spruch, „Hat der Kunde so gewollt, und der Kunde ist König" Die Ergebnisse daraus, meist nichtssagend und oftmals im Nachklang, der Unmut des Kunden, der daraus ein Umkehrschluss erzeugt und dem „Fachmann" dann als die treibende Kraft beschreibt, der dieses Desaster produziert hat.

Schon allein dieses Handeln in der Welt der Pflasterungen, da spielt es keine Rolle, ob Beton oder Naturstein, sorgt dafür, dass dieses Fehlverhalten Usus geworden ist. Sprich, der geringste Widerstand, das in der Natur der Sache liegt, sorgt für diese Quantität. Das verzichten auf fachliche Konversation, um eine gemeinsame Lösung zu finden, die dem Kunden das Gefühl vermitteln kann, das er bekommt, was er will, ist der Knacksus.

Für einen Pflasterer sollte diese Option der Bequemlichkeit nicht in Frage kommen. Er sollte generell reflektieren, egal ob als Selbstständiger oder Angestellter. Auch gegenüber evtl. Vorgesetzten hat er immer zu hinterfragen und dann entscheiden, selbst wenn dabei ein Verlust entsteht. Konsequenzen aus Fehlendscheidungen, sind meist gravierender, negativer.

Als Gestalter, Planer und Auszuführender im Naturpflaster-Gewerk, sollte man das Portfolio an Fachkenntnisse, Wissen, hochhalten und ständig erweitern. Das ist sehr wichtig und trennt die Spreu vom Weizen. Hieraus entsteht Qualität und Verantwortung für beide, dem Investor und für den Auszuführenden. „Eine Normalität, die für viele nicht greifbar erscheint"

Komplex:

In dem Buch „Kunst und Gestaltung in der Praxis“ von 2009, wie erwähnt, habe ich die wesentlichen Grundlagen der Pflastergestaltung schon beschrieben. Somit sollten einige Begriffe, die hier auch verwendet werden, bekannt sein.

Das Komplexe, die Schwierigkeit, einer angehenden Gestaltung und Pflasterung, sind immer die Umstände und die Gegebenheiten. Wie bekomme ich,

- Einen Einklang zustande-
- Homogene Schnitte/Linienführung zusammen-
- Eine Aussagekraft-

Drei Fragen, die einem beschäftigen, den richtigen Weg zu bestimmen, zumal dann noch eine vierte Frage daraus entsteht, welches Material ist das richtige?

Ist Material vorhanden und muss in das „Paket“ mit eingebaut werden, entsteht eine weitere fünfte Frage, welcher Verband ist realisierbar, notwendig oder unausweichlich. Und kommt man zu dem Ergebnis des unausweichlichen, summiert sich das auf Frage sechs, warum, dann wird man feststellen das die Beschaffenheit des Materiales eigentlich das unausweichliche nicht stoppt, dann kommt Frage sieben mit der Erkenntnis das nur ein gewisser Verband technisch, sauber, ordentlich zu pflastern ist und sich eine evtl. achte Frage auflöst. (Nicht selten kommt es jedoch zur Frage acht)

Hieran lässt sich deutlich ausmachen, wie Komplex eine Herangehensweise ist oder sein kann und wie schwierig es ist, die Fragen zu händeln, bzw. zu beantworten.

Wird jedoch Material zu Disposition gestellt, soll empfohlen werden, dann ist das weniger Schwierig, da müssen dann aus den drei fragen die Antworten bereitgestellt werden wie,

- Pflasterart-
- Farbe/n
- Verband-
- Einfassungen-
- Läufer/Fries/Bänderungen-
- Historisch-
- Klassisch-
- Modern-

Und zu dem Ganzen, um es gegebenenfalls zu dokumentieren, sollte man dann einen Plan aufstellen, eine Gestaltungsskizze/Plan, um zu zeigen was und wie dann realisierbar ist. Damit ist man gegenüber dem Investor/Auftraggeber im Vorteil und dieser erkennt sofort das es um Ihn und sein Belangen geht, individuell. (Ich zerbreche mir den Kopf für Dich) Eine wichtige unsichtbare Message.

Einem Auftraggeber das Gefühl vermitteln, alles dreht sich in der Gestaltungsphase nur um „Ihn“. Und wenn dieser dies aufnimmt, ergeben das die schönsten und besten Pflasterungen mit Naturpflaster. „Der Kunde will, ich gebe ihm aber, das was er braucht.“

Beispiel: Diese Pflasterung, die aus dem Römischen-Verband nachempfunden wurde, stammt aus der sog. Unausweichlichkeit, der Beschaffenheit des Pflasters. Ursprünglich lag dieses Pflaster im Segmentbogen, doch beim aufnehmen dieses Pflasters, wurde es so beschädigt, dass es keinen Sinn mehr machte, sie segmentbogenförmig zu pflastern. Zu große Fugen würden entstehen und die Begehbarkeit beeinträchtigen. Fugenlastigkeit, macht einen Segmentbogen hässlich und unattraktiv.
(Ohne es zu ahnen, genau das, was zu sehen ist, wollte der Kunde…)

Trotz gebrauchspuren von altem Naturpflaster, das vielleicht schon 80Jahre und mehr lag, ist es immer wieder möglich diese zu verwenden. Hat man die variablen der Pflasterverbände, dann ist es sogar ein leichtes darauf zu reagieren. Wobei dann auf die Authentizität trotzdem geachtet werden muss. Es muss autark sein, damit es nicht peinlich wird.

Und hier die gleiche Vorgehensweise. Auch hier war ein Segmentbogen geplant. Doch weder das vorhandene Pflaster war dafür richtig geeignet noch das Gebäude, Umfeld? Das ließ bedenkenlos die alternative Passe 45° zu. Und somit bekam das Ganze ein Hauch Nostalgische Authentizität…

Durch solches variieren in der Gestaltung/Idee, allein einen Pflasterverband wechseln, bzw. alternativ anbieten, erzeugt schon eine gewisse Stimmigkeit und der Kunde dankt es einem mit der Anerkennung, „hier weiß einer was er macht“.

Das umschwenken von der ursprünglichen Planung Verband-Technisch gesehen, sollte man immer in Betracht ziehen können, denn, Bsp. gebrauchtes Natursteinpflaster, kann oftmals dazu führen, dass man auf einen „Notverband“ wie das Passe, zugreifen muss.

Es ist in der Pflasterkunst immer wichtig flexibel zu sein und das beginnt schon mit den Pflasterverbänden.

Bemerkung1:

Zu den einzelnen Verbänden, die es im Naturpflastergewerk gibt, ist auf gestalterischer Ebene, der Spielraum eigentlich sehr übersichtlich. Die meisten von ihnen sind hauptsächlich Zweck gebunden in ihrer Art der Flächenbefestigung und daher in einer sog. einfachen Pflasterung oft unspektakulär. Man muss sie schon gezielt hervorheben, Bsp. mit Läufer, um sie attraktiv erscheinen zu lassen. Gerade die Verbände Wildpflasterung, Passe und Reihenverbände(Diagonal oder Römisch) sind aus ihrem System monoton und ohne Akzente, sogar eher „langweilig“

Bei den Verbänden, Segmentbogen und Schuppenbogen, sieht es etwas anders aus. Ist der Schuppenbogen(ganze oder halbe) ebenfalls noch übersichtlich, trotz, dass diese Pflasterung Schmuckpflasterung bedeutet, ist der Segmentbogen dagegen, der vielseitigste Verband, der alles bedient. Zweck und Kunst(Gestaltung). Allein schon in der „einfachen“ Ausführung zeigt dieser Verband eine gewisse Ästhetik, die andere Verbände so nicht haben zumal, er trotzdem nicht zu allem passt da er „Modern“ ist und oftmals im historischen die Authentizität verschleiert. In einer Kombination mit den eher ursprünglichen Verbänden kann der Segmentbogen, er ist gerade mal 120 Jahre alt, vieles entschleiern und dadurch eine Symbiose bilden.

Wichtig ist, das man als Pflasterer/Steinsetzer und Gestalter diese Verbände kennt und auch pflastern kann. Um dann daraus auch die richtigen Gestaltungen zu kreieren und dabei die „Authentizität“ nie aus dem Auge verlieren.

Einfache Gestaltung und Pflasterung:

Mit einer einfachen Idee, soll gezeigt werden, wie sich eine zukünftige Pflastergestaltung entwickelte und Authentizität bekam, wobei ganz simple Gestaltungselemente verwendet wurden. Kleine Schnitte, Läufer und die Positionierung des Segmentbogen.

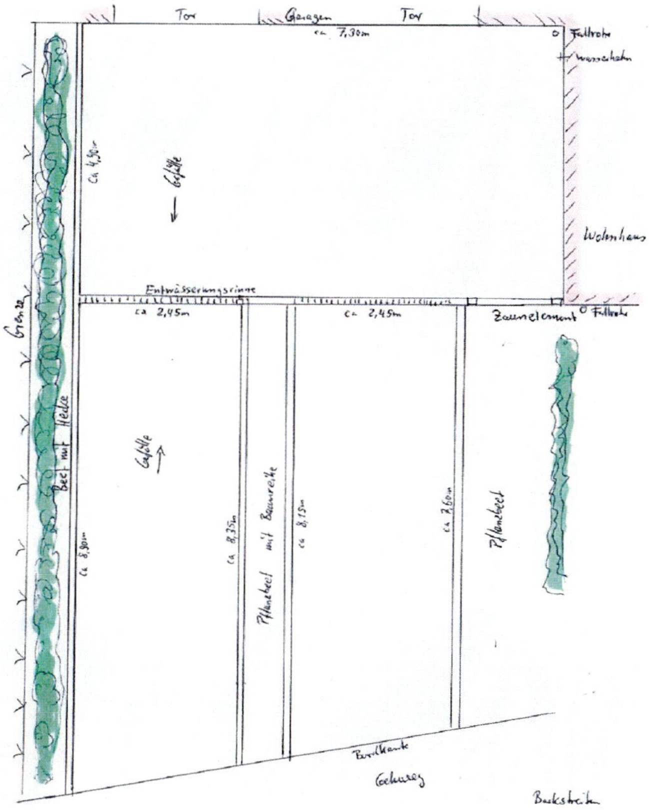

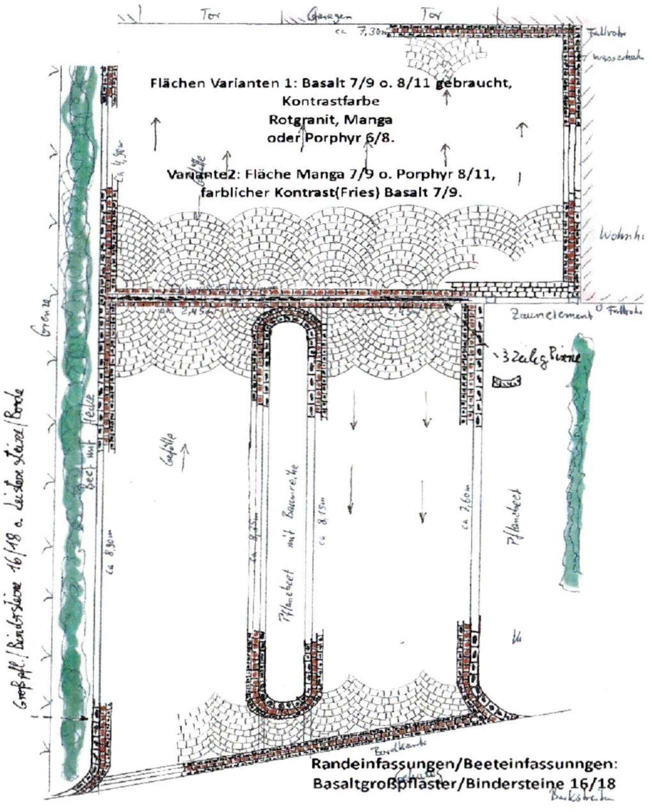

Die linke Skizze, sowie das Bild waren die Infos, bzw. der Rohzustand. Wie man auf der rechten Seite in der Ideen-Skizze sehen kann, wurde der Gesamtschnitt dieser Einfahrt beibehalten und nur kleine Eingriffe vollzogen. Dadurch bekam diese Einfahrt einen „Charakter“. Diese Gestaltung hatte sich durchgesetzt, aber nicht ganz. Hier musste der Kompromiss einfarbig in Kauf genommen werden, bzw. es wurde daraus eine „schwarz/weiß“ Anlage.

Diese „Idee“ ist recht einfach strukturiert. Es benötigte nicht viel, es im Ursprung beizubehalten und doch mit sehr wenigen Mitteln, es etwas umzustrukturieren. Der Kern bleibt, aber der Flächenbelag begründet das Konzept, das sich trotz der Einfachheit zeigt. Schade an dieser Sache ist, dass das Farbkonzept sich nicht durchgesetzt hat, das hätte dem ganzen Flair verleitet und noch authentischer präsentiert.

Man kann es nicht oft genug erwähnen, wie wichtig es ist, dass das alleinige pflastern heute nicht ausreicht, sondern und gerade im Naturpflasterbereich, ist dessen Bedeutung und Authentizität das wichtigste Glied, das man sicherlich zusätzlich erlernen muss. Denn in der heutigen Zeit sind die angesammelten Erfahrungen aus dem Naturpflasterbereich, sehr entscheidend. War es in der Vergangenheit noch so, dass es eher selbstverständlich war zu pflastern und die richtige Anordnung allein schon aus der, „jeweiligen Epoche", zu treffen, so ist es heute bedeutend komplizierter. Denn heute hat man als Pflasterer mehr zu bedienen, Historie, Klassik, Moderne und Kunst.

Bsp: War früher ein Pflasterer/Steinsetzer auf die Pflaster-Verbände fixiert, die zu seiner Zeit maßgeblich waren und entsprechend verwendet wurden, Bsp. Wildpflasterung, Reihenpflasterung, so muss ein heutiger Pflasterer diese Verbände ebenfalls pflastern können und die Verbände, die heute maßgeblich sind, ebenfalls.

Wie das sog. abrufen der einzelnen Epochen zu verstehen ist, wie man darauf zu reagieren hat, zeigt ein weiteres Beispiel, das wir im Spätsommer 2017 gepflastert haben. Dieses kleine, aber feine Projekt wurde in Darmstadt, der Hauptstadt des Jugendstils verwirklicht. Ein „kleiner" Zugangsweg zum Haus, das ebenfalls eine Jugendstil-Villa ist. Für die Idee/Gestaltung und Ausführung waren wir; Steinkunst-Sikorski, zuständig, in Absprache mit dem Auftraggeber und seinen Vorstellungen.

Linkes Bild der damalige Istzustand und rechts die Idee.

Jugendstil Villa, Jugendstil Pflasterung. Authentizität pur.

Ist man in der Lage den Jugendstil und dessen markante Gestaltungsideen nachzuempfinden, dann ist es relativ einfach so etwas umzusetzen.
Da im Jugendstil grundsätzlich die Wildpflasterung im Vordergrund stand, ist es wichtig, existenziell, Linien, Läufer zu produzieren, einsetzen, sie heben den Jugendstil hervor…

Die Intention des Jugendstils in der Pflasterung. Bilder aus Darmstadt, der Hochburg des Jugendstil. Auf der berühmten Mathildenhöhe in Darmstadt, sind nebst den Villen, ganze Straßen(Bürgersteige) in der Variantenreichen Jugendstilpflasterung heute noch zu finden…

Die Wildpflasterung, als alleinige Fläche gepflastert, ist selten aussagekräftig und hat, hinterlässt oftmals den Eindruck, so etwas zu pflastern ist ein Leichtes. Eher sogar evtl. dilettantenhaft. Doch das ist gerade der falsche Eindruck, denn die Wildpflasterung ist relativ schwer, der Pflasterverband, der durch seine obwohl Wilde Erscheinung, das System, das dahinter steckt, sehr kompliziert ist.

Trotzdem, der Wildverband ist einseitig und auf größeren Flächen, wenn er nicht strukturiert wird, langweilig. Man muss diesen Verband immer gestalterisch aufwerten, damit er zur Geltung kommt, um dann die Raffinessen dieser Pflasterungen zu erkennen. Bsp. wie der Jugendstil.

Eine neuzeitliche Wildpflasterung von 2019…

Pflastern ist das eine, die Anordnung, der Gestaltungsschnitt das andere. Auch hier ist wieder zu erkennen, dass sich vieles, wie ein roter Faden, in den Gestaltungen wiederholt, bzw. die Grundlagen wie Läufer, Bänderungen und dessen Wichtigkeit, die man zu beherzigen hat.

Zu dem Ganzen, sieht man das der Schnitt/Achse stimmig ist. Trotz eines „Fremdkörpers „der das Zusammenführen der Linie verhindert, treffen diese unsichtbar aufeinander. Die gelbe Linie zeigt es.

Und dieser Schnitt ist wichtig, damit Bsp. so eine Gestaltung und Pflasterung durch unsichtbare Grenzen, einheitlich wirken und eine rechtwinklige Achse zur „Straße“ bilden. Obwohl viele Kurven dabei enthalten sind.

Die Planung/Gestaltung einer Pflasterung von Anlagen, egal ob öffentlich oder privat, ist grundsätzlich so und das sollte auch so sein, das man eruiert. Sich das ganze erst einmal betrachtet und selbst wenn schon ein Plan vorliegt, von einem evtl. Planer, um selbst festzustellen, wie die Ist-Lage einzustufen wäre. Die Kriterien beurteilen und resümieren. Zufälle gegebenenfalls im Vorfeld, aus eigenem Interesse schon, auszuschließen.

Es ist generell von höchster Wichtigkeit, Vorhaben, zu besichtigen.

Wie schon im Vorgänger Buch, möchte ich auch hier wichtige Kriterien in Erinnerung bringen, die für Gesamtgestaltungen maßgeblich sind . Man sollte sich eine Art Checkliste aufbauen und abfragen. Das sollte ständig gemacht werden, dann wird man merken, wie „schnell“ sich manche Dinge von selbst beantworten.

Entscheidende Merkmale, um eine Pflasterung zu definieren, können wie folgt sein.

- Haus - Die Lage, der Stil, Nachbarhäuser, Gelände, vorh. Flächen, Region ?
- Fensterrahmen- Farbe, Klassisch, Modern oder Historisch?
- Haustür - Einfach, Strukturiert, Schlicht, Modern oder Historisch?
- Sockel - Farbe, strukturiert, Putz, Mauerwerk, Verblendet oder als Mauer?
- Dach - Farbe, Schiefer, Pfannen usw.?
- Sonstige Merkmale

Diese Punkte sollte man berücksichtigen und als „Checkliste“ zumindest, bei Anlagen abrufen, um bei einer Planung die richtige Kombination zu finden.

In den meisten Fällen geben diese Merkmale schon eine Vorgabe, zumal wenn Farben zu erkennen sind, macht es das ganze sogar etwas einfacher.

Hieraus kann ich mir viele Fragen und Antworten selbst kreieren, daraus ein Konzept erstellen und es gegebenenfalls aufzeichnen, skizzieren. Ich sollte dabei aber immer eine Ausweichmöglichkeit in petto haben um auf evtl. Ergänzungen, Änderungen reagieren zu können. Entweder dann aus der vorhandenen Skizze erklären, oder einfach darauf hinweisen das Änderungen, natürlich möglich sind.

Eigene Fragen:

Pflasterverband?	Segmentbogen, Wildverband oder Passe usw.
Läuferbänder?	1 Zeilig(Nur Pflichtläufer), 2 zeilig, 3 zeilig und ob farblich abgesetzt?
Einfassungen?	Großpflaster, Kleinpflaster, Bordsteine, Palisaden, Leistensteine?
Randeinfassung?	Mit oder Ohne überstand?
Struktur?	Durch Bänderungen?
Ornamentik?	Symbolisieren, Identifizieren?

Und dazu natürlich die Technischen Fragen wie Belastungen und Entwässerungen. Bsp. Rinnen aus Naturpflaster, 1Zeilig, 2Zeilig , 3 zeilig oder gar 5 zeilig

Es richtig, dass sich nach einer Zeit, etwas Routine entwickelt. Einige angehende Pflasterungen können dann auch ohne Skizze bewerkstelligt werden. Man kriegt auch das richtige Gespür, um Flächen in die richtige Kategorie einzuordnen, aber das bedarf viel Grundwissen und die praktischen Erfahrungen daraus. Allein schon, wenn man die einzelnen Pflasterverbände kennt und sie entsprechend auch Zuordnen und pflastern kann, hilft einem enorm. Man muss nur wissen, Bsp. wo und wann setze ich die Wildpflasterung ein, oder dass Passe, oder, oder... Wenn ich das schon weiß ist der Rest, relativ schnell zu erlernen.

Bemerkung 2:

Pflastern mit Naturpflaster, insbesondere mit Spaltpflaster, bedeutet Verantwortung. Verantwortung sich selbst gegenüber, den alten Meister, diesem Handwerk, sowie auch dem Investor gegenüber. Ein sogenanntes profanes abhandeln, pflastern, ist dem Produkt Naturstein gegenüber nicht würdig und auch nicht erklärbar. Pflastern und gestalten mit Natursteinpflaster ist kostspielig, teurer im Verhältnis zu anderen Belägen und Langfristig angelehnt, das aus der Geschichte dieses Gewerks, schon zu erkennen ist.

Und wenn man dem Unverständnis dieser Handwerkskunst gegenüber steht, wenn man erkennen kann, wie profan und dilettantenhafte Pflasterflächen dann plötzlich sichtbar werden, kommen oftmals solche „Leistungen“ wie diese Bilder, zum Vorschein.

Bilder, die die Unfähigkeit deutlich machen und signalisieren, pflastern kann jedermann… Auch wenn man es nicht glauben mag, so etwas ist mittlerweile sehr verbreitet. „Natursteinpflasterungen, für den kleinen Mann?“.

Selbst das obere Bild mit dem Betonsteinpflaster. Auf den ersten Blick sicherlich sauber verlegt, jedoch Tod. Gestaltungswille null, zumal die sichtbaren Fassaden schon eher lebendig sind. Trotz der begrenzten Möglichkeiten die Betonpflaster in der Gestaltung bietet, auch hier hätte man ein Hauch Leben mit einfügen können…

Die anderen Bilder, da kann man nichts mehr zu sagen, Willkür, Anarchie und Pfusch pur. Auch das wird heute als Pflasterkunst gesehen. Wahrscheinlich die abstrakte Pflasterkunst???

Wenn man sich allein nur diese Bilder anschaut, sie im Detail betrachtet, dann sollte man das fehlende handwerkliche sehen und den fehlenden Gestaltungswille, zumal von Gestaltung noch nicht einmal die Rede sein kann, erkennen. Es ist gegenwärtig so dass solche „Pflasterungen“ Usus sind. Es ist kaum greifbar, weder zu verstehen, dass in Deutschland, allein schon im Pflasterbau die „Made in Germany“ so dermaßen kaputt gegangen ist und solche „Arbeiten“ immer mehr zu sehen sind. Es gehört heute schon ziemlich zur Tagesordnung, dass man mit solchen „Leistungen“ sich auseinander setzen muss, als Fachgutachter sowie als Sachverständiger.
Zumal letzterer, also Sachverständiger, ein weiteres Problem darstellt, denn es gibt kaum noch Experten, die solche Leistungen richtig und sachkundig bewerten können. Und dann reden wir nur über das handwerkliche, auf der Gestaltungsebene ist es genau so fatal und auch schlimmer, da es gerade im Öffentlichen Bereichen zeigt, sichtbar wird, nur noch Steinwüsten die toten Raum zeigen und „handwerkliches“ Chaos abbilden.

Marktplatz Erbach(Odw.) Die Verschandelung eines historischen Marktplatzes. Handwerklich wie auch die Gestaltung, haben ein ganzes „Wahrzeichen“ demoliert. 2017 wurde dieser Platz neu gestaltet mit dem Vorhandenem historischen Pflaster. Eines von unzähligen Pflaster-Katastrophen in Deutschland. (Unterer Bild, der Urzustand vor neu Gestaltung)

Und doch geht im Betonpflasterbereich ein gewisser Gestaltungswille, den man nutzen kann. Allein schon die einfachsten Mittel, wie Bsp. ein farbliches Band, erzeugen oftmals schon eine gewisse Zugehörigkeit. Und wenn man richtig überzeugen kann, ein Teil Naturpflaster integrieren kann, dann tendiert es Richtung „Harmonie“.

Wie ist nun das ganze einzustufen, wie sollte was verstanden werden und wie erklären sich Kosten, oder warum ist Pflastern mit Natursteinen teurer als andere Materialien. Dazu ein paar Hinweise zu Orientierung, wie pflastern zu verstehen ist.

Merkmale Pflasterverbände:

- Segmentbogen der Vollkommene Verband: Erlernen und Ausführung ist relativ einfach. Der Umgang mit den Segmentbogen jedoch sehr komplex und schwierig. Kostenfaktor: Verhältnismäßig günstig

- Reihenpflastern: Anfang, relativ einfach und übersichtlich. Umgang sehr aufwendig. Kostenfaktor: Teuer

- Schuppenpflaster: Erlernen relativ einfach. Umgang sehr schwierig. Nur wenige Einsatzgebiete da Schmuckpflaster. Kostenfaktor: Teuer

- Passe :Erlernen sehr kompliziert. Umgang nach Einarbeitung übersichtlich u. relativ einfach. Kostenfaktor: Neutral, teuer bis billig je nach Interpretation/Variante.

- Wildverband und andere unregelmäßige Verbände: Erlernen, sehr kompliziert. Umgang übersichtlich und relativ einfach. Kostenfaktor: Teuer

In der jeweiligen Ausführung selbst, wird man es deutlich spüren, was geht einfach und zügig und was bereitet „Geschwindigkeitsverlust“.

Diese Merkmale sind das eine und sagen nur etwas über die teils Schwierigkeitsgrade, des einzelnen Verbandes, das sich je nach Talent unterschiedlich entwickeln kann. Bedeutet, der eine lernt gewissen Verband x recht schnell und der andere den Verband y recht schnell.

2020:
Und so sieht das Steinsetzer/Pflasterer Bild aus. Die heutige Verantwortung, Seine Aufgabe, was muss er können und wem muß er Gerecht werden...

- Planung
- Gestaltung
- Ausführung
- Beratung
- Steinkunde
- Architektur
- Historie
- Verbandsvielfalt
- Regionale Eigenschaften
- Ökologisch Verantwortung
- Ökonomische Verantwortung
- Nachhaltigkeit- Bewusstsein
- Und Muse

Der Jenige der sich mit diesem Handwerk auseinander setzt, es lernt, versteht und interpretieren kann ist generell der Pflasterer, der für das verlorene in der heutigen Planungswelt, verantwortlich und bereit sein muss, es auch wieder in die Hand zu nehmen. Denn die heutige Planungswelt ist in diesen Bereich überfordert, da es fast keine Planer mehr gibt, die mit Natursteinpflaster Authentische und ordentliche Gestaltungen aufbauen können.

Nun bewegen wir uns immer noch in den „einfachen“ Gestaltungen. In dem Bereich wo vieles noch übersichtlich ist, aber trotzdem Wissen verlangt, damit es nicht in einem Desaster endet. Sind Gestaltungen, Planungen Technisch versiert, dann ist es ebenfalls noch verhältnismäßig einfach, routiniert jedoch nicht.

Und das mit der Routine, das wird man merken, ist so eine Sache. Die gibt es im Naturpflasterbereich nicht. In den „Handhabungen“ sicherlich schon, aber in der tatsächlichen Ausführung, Pflasterung, nicht. Hier entstehen immer Unikate, vom Material aus betrachtet und von der jeweiligen Fläche auch. Das sollte einem Bewusst sein, ist es so, dann wird man die Verantwortung zu dieser Handwerkskunst, verstehen.

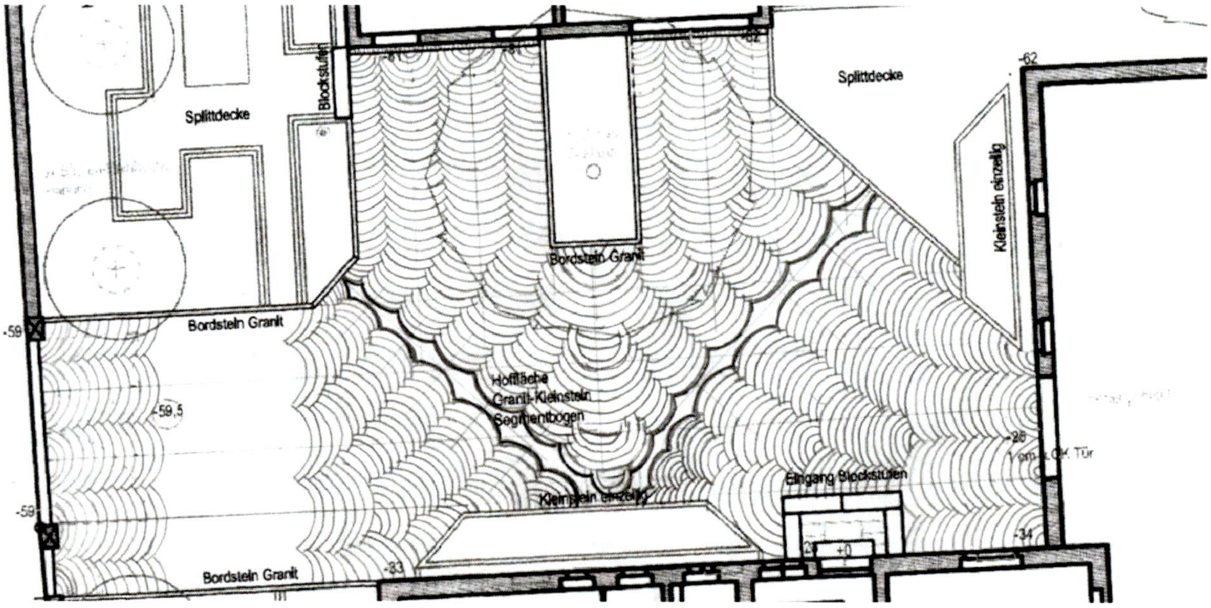

Eine Komplexe Gestaltung:

Das Abrufen der Möglichkeiten sind gefragt, die Aufgaben, Verantwortung und das rechtfertigen. Die Vorort Begehung, die Checkliste, erste Ideen kreieren und einen Plan aufbauen. Die Materialien sind gegeben, vorhanden, Melaphyr Großpflaster 13/15 für Randbefestigungen, sowie Melaphyr Kleinsteinpflaster 8/11 als Hauptfläche und Wege. Die Grundidee des Auftraggebers, eine Segmentbogen Pflasterung.

Die Bilder zeigen bei Vorortbegehung den Ist Zustand. Von der Idee/Gestaltung erwartete man, dass eine „fließende“ Pflasterung sich dem ganzen anpasst. Alles sollte im Segmentbogen gepflastert werden, da es aus Sicht des Auftraggebers, zum ganzen passen würde. Das stimmte, aber wie?

Da der Segmentbogen der vielseitigste und Ästhetischste Verband ist, sind seine Fähigkeiten genau dafür prädestiniert. Dazu muss man aber das ganze Spektrum kennen, das in einem Segmentbogen vorhanden ist. Denn wenn man mit dem Segmentbogen arbeitet, gehört es dazu, ihn und seine Möglichkeiten zu kennen. Das bedarf dann, zu dem notwendigen Wissen insgesamt, zusätzlich sich mit dem Segmentbogen, speziell auseinander zusetzen.

Denn wie beschrieben, die anderen Verbände sind ausschließlich einfach einheitlich. Diese haben nicht die Möglichkeiten, die ein Segmentbogen entfaltet, wenn man ihn richtig anwenden kann. *(Dazu gibt es ein Buch von mir, das 2019 erschienen ist, „Der Segmentbogen“. Mit all seinen Technischen wie Gestalterischen Möglichkeiten.)*

Der Plan:

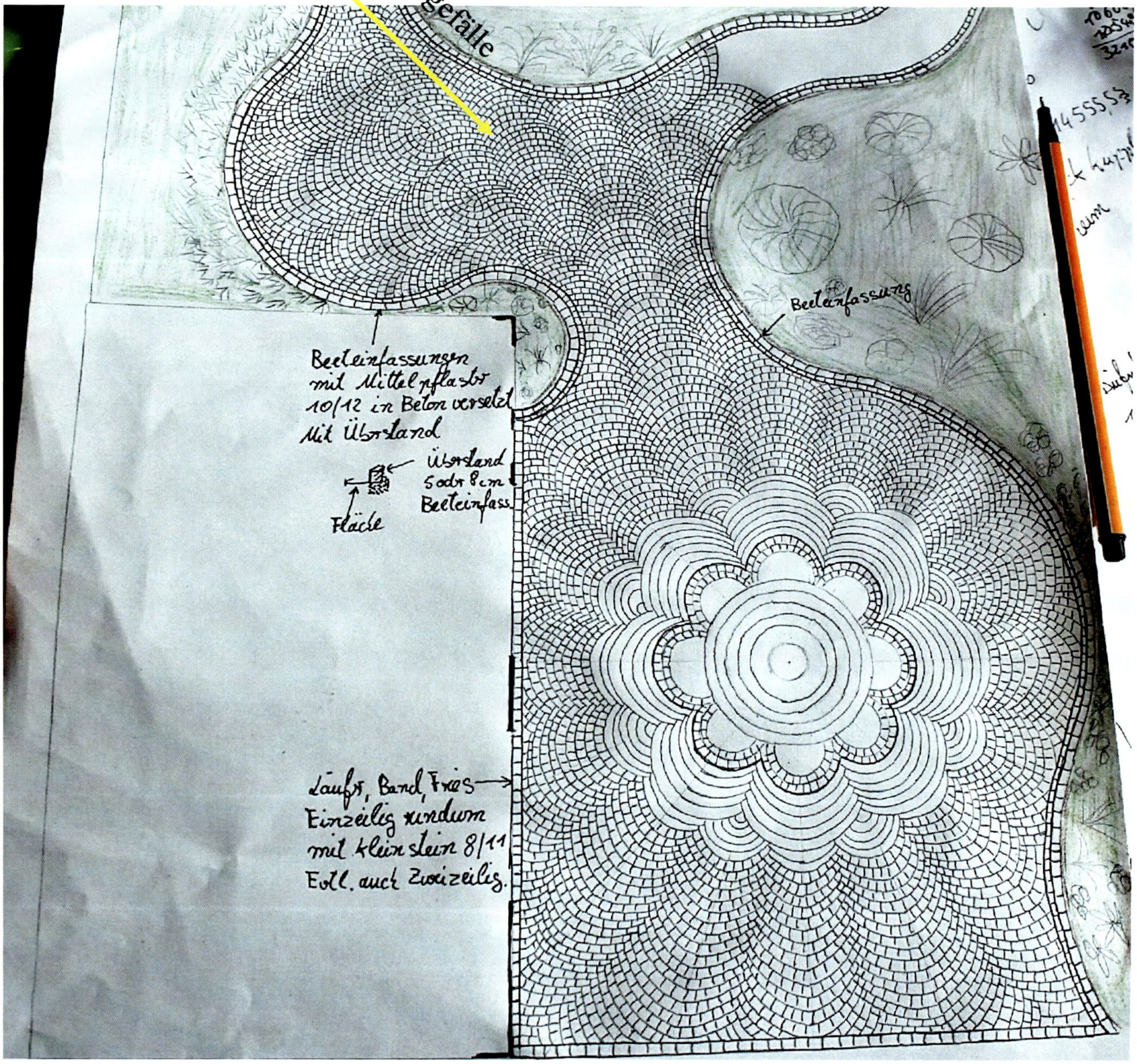

Zu den Technischen Details. Da diese Anlage von der Haustür bis zum Bürgersteig(Siehe Pfeil) gerade mal 1% Längsgefälle hat, konnte dadurch eine Rosette in Betracht gezogen werden. Der einfache Weg wäre gewesen, wenn man den Segmentbogen vom Bürgersteig Richtung Haus versetzt hätte, also mit etwaigen gleichmäßigen Feldbreiten. Das wäre aber eher langweilig gewesen, obwohl auch richtig.

Für den Auftraggeber war diese Idee perfekt und die eigenen Vorstellungen wurden dadurch übertroffen. Man konnte es nicht glauben das so etwas funktioniert, zumal es sich um Spaltrauen gebrauchten Pflaster handelte und kein gleichmäßiges formatiertes Pflaster. Ergo, man sollte selbst schon in der Planung dafür sorgen das es einem selbst gefällt und kreieren, was kommt gut an und was passt. Gerade wenn man mit dem Segmentbogen arbeitet, öffnen sich unzählige Möglichkeiten, diese auf die verschiedensten Gegebenheiten anzupassen.

Ein Beispiel von F.W.Noll von 1909, der den Segmentbogen erfunden, bzw. vervollständigt hat, welche Möglichkeiten der Segmentbogen einem eröffnet. Wenn man ihn „Studiert“ wird man selbst, relativ schnell feststellen, wie unendlich diese Möglichkeiten sind. Ein Verband, dessen Vielseitigkeit, gerade in der Gestaltung, unübertrefflich ist. Dabei spielt es keine so signifikante Rolle, ob mit farblichen Akzenten, oder ohne.

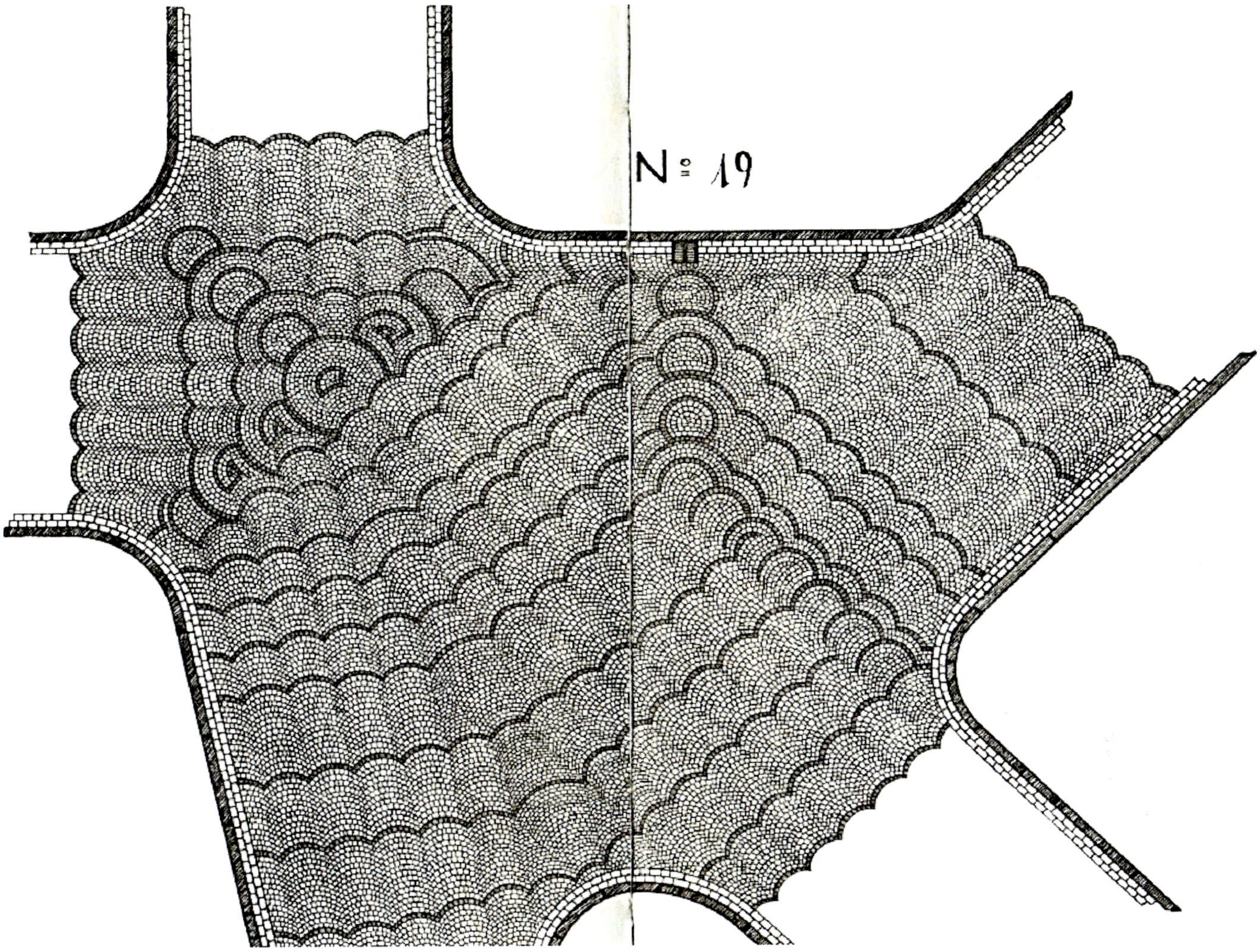

Ergänzend, arbeitet und gestaltet man mit dem Segmentbogen , dann ist dieser Bereich noch zusätzlich, zu allem dem, was man Wissen und beherzigen muss. Man wird plötzlich merken, wie aufwendig dann das Gestalten/Planen ist, sein kann.

Daten: Die Großpflastersteine für die Randeinfassungen, wurden in Beton der Klasse C12 versetzt, Betondicke 10cm. Die Steine wurden nach Wunsch, nicht verfugt. Der Überstand zur Fläche, im späteren Endzustand 5cm.

Ein wunderschönes, farblich einfach gehalten, die Rosette nicht abgesetzt, Pflasterprojekt 1 zu1 nach der Gestaltungsskizze erstellt…

Bemerkung 3:

Gestaltung und pflastern ist ein „Gemeinschaftsprojekt“ und wichtig es sehr annähernd dann auch umzusetzen. Doch ist das nicht alles. Auch das technische muss gegeben sein. Und dafür hat man sich an Regeln zu halten, Voraussetzungen wie,

- Die evtl. Auskoffer Arbeiten
- Unterbau, Oberbau Arbeiten
- Tragschichten
- Frostschutzschichten
- Gefälle Situationen
- Entwässerungen
- Verdichtungen
- Beton Arbeiten, sind im Vorfeld zu beachten.

Das sind Leistungen, die im Vorfeld anfallen und die zu beachten sind. Dafür gibt es Regelwerke wie ATV, ZTV Stb Pflaster, ZTV Wegebau und viele DIN-Normen, sowie der Leitfaden für das ursprüngliche Natursteinpflastern(Spaltpflaster) von der IG Deutscher Pflasterer und Steinsetzer e.V.

An den verschiedenen in den Regelwerken befindlichen Bedingungen und Normen kommt man nicht vorbei, schon aus Haftungsgründen nicht.

Gegenwart:

In den meisten Fällen, sind heute Naturpflastergestaltungen, zumal sie sich im Privatbereich befinden, relativ übersichtlich. Aber trotzdem ist es sehr bedeutend, sich an den Gestaltungsgrundlagen zu halten, damit auch gegenwärtigen Pflasterungen, Authentizität verliehen wird. Die Gestaltungsregeln von Damals, auch oftmals als alte unmoderne Regeln bezeichnet, gelten heute noch und sind auch der Grundstock, für das Wohlbefinden von Natursteinflächen. Und das kommt auch noch hinzu, der Mensch, der solche Pflasterungen begeht, soll ebenfalls Wohlbefinden spüren und nicht in Chaos oder Panik, versinken. Naturpflasterflächen, Pflasterflächen insgesamt, müssen zum Ruhen verweilen, müssen strahlen, müssen ruhe signalisieren und lesbar wie ein Buch sein.

Das ist die Aufgabe des Pflasterers und des Pflasters...

Nebst meiner Tätigkeit als Spezialbetrieb für Natursteinpflasterungen, Historisch, Klassisch, Modern, bin ich seit mehreren Jahre noch Lehrwerksmeister, in den Wintermonaten Dez- März. In diesen Weiterbildung und Fortbildungsmaßnahmen(Lehrgänge) unterweise ich Teilnehmer jeden Alters in die Kunst des Pflastern mit Spaltrauen Naturstein(Originales Pflaster).

Schon ab der ersten Theorie Stunde, erkläre ich den Teilnehmern, Jung und Alt, wie wichtig, unerlässlich es ist, dieses Gewerk ernst zu nehmen. Schon gar nicht daran denken, „ich lerne in wenigen Stunden richtig zu pflastern“ und dann los. Und unsere, folglich Lernstrategie, Grundlagen im Pflastern und gestalten, hat sich sehr bewährt,

Um solches Desaster zu vermeiden.

Läufer, Bänder, Fries, Zierstreifen, sind mit die wichtigsten Bestandteile im Pflastern und gestalten von Flächen. Mit ihnen kann man schon am Anfang Akzente setzen, wobei es nicht unbedingt wichtig ist, es farblich zu gestalten. Pflichtläufer und darüber hinaus, sind das „Salz in der Suppe, der Honig im Tee“ und demaskiert den „Pfuscher“, der sich nicht daran hält.

Sicher ist, wie ich es im Vorgänger Buch beschrieben habe, das es Ausnahmen gibt und diese, die Regel nicht tangiert, berührt, aber das sind wirklich nur die geringsten Ausnahmen, die sich auch meist entwickeln, bei vorhandenen Minderbreiten von Wegen, oder man hat bei einer Gestaltung von Wegen, gewisse Breiten nicht eingehalten. Dann, aber auch nur dann, kann auf einen Pflichtläufer verzichtet werden, wenn ein Einfassungsstein vorhanden ist, der den Läufer „Symbolisieren“ kann.

An diesem Bild sollte man schon erkennen wie wichtig Läufer sind, was es aus so einer „Nebenfläche“ schon macht.

Und dieses Bild zum Vergleich, abgesehen das es nicht ordentlich gepflastert wurde, ohne Pflichtläufer, der hätte aber noch dazu gehört. Der Unterschied zum oberen Bild sollte unverkennbar sein. Wenn nicht, hat man nicht die Eignung Pflasterer zu werden.

Hat man die Lektion der Läufer verstanden, hat man auch gleichzeitig „alte Gestaltungsgrundlagen“ verstanden. Grundsätzlich rahmt der, die Läufer eine Pflasterfläche ein und es entsteht das Pflasterbild. Der Läufer ist der Rahmen, die Pflasterfläche das Bild. Eine „Philosophie“, die dann spannend wird, wenn man mit Läufern, Bändern, spielt.

Auch diese Pflasterung, ihr Charakter, Flair und die Authentizität, verliehen durch Bänderungen, die in diesem Fall dreizeilig verlaufen und der schwarze Stein in der Mitte, vermittelt den Eindruck, die Pflasterung im Einklang…

Wenn mit Farben gearbeitet werden muss, dann ist die Farbabstimmung zur Hauptfarbe, in dem Fall der rote Stein, sehr wichtig und entscheidend. Durch verschiedenste Kombinationen wird eine Fläche kategorisiert, eingegliedert in eine „Epoche“. Historisch, klassisch, oder Modern…

Beachtet man dies, ist man dem Gestaltungs-„Gedanken“ sehr nah und es eröffnen sich weitere Möglichkeiten, Pflasterungen zu gestalten und zu pflastern. Denn das ist eine weitere Erklärung für eine ordentliche, vernünftige und nicht willkürliche Pflasterung mit Naturpflaster. Eine Pflasterung sollte sich immer mit den äußeren Gegebenheiten, der Region und den Gebäuden identifizieren können, dann erst, wird eine Pflastergestaltung „rund, Authentisch“.

Zudem muss man auch die Klimatischen Unterschiede berücksichtigen, in dem der Kalksandstein aus Portugal, dort auch beheimatet ist und auf dieses Klima abgestimmt und für Deutsches Klima nicht geeignet ist und hier, wenn überhaupt als Zierstein genutzt werden kann, ähnlich wie der Marmor, der hauptsächlich auch nur als Zierstein verwendet werden sollte. Das sind schon Kriterien, die es eigentlich obsolet machen, diesen Pflasterstil aus Portugal, hier in Old Germany zu adaptieren.

Die Deutsche Pflasterkunst ist anders, aber handwerklich genauso hochwertig wie in Portugal, zumal diese meistens Verbandtechnisch sogar nur einseitig sind. Unsere Pflasterkunst ist Abendländlich, ist sehr regional bezogen, vielseitig in den Pflasterverbänden und in den Materialien, die wiederum aus unseren Klima stammen und darauf eingestellt sind. Und Motive, Ornamentik, die gibt es hier auch und nicht wenige, haben aber mit der Ornamentik, Bsp. Portugal, nichts gemeinsam. Die Deutsche Identität in den Motiven ist in Teilen sogar detaillierter, aber natürlich auch rauer, etwas kälter.

Bsp. Freiburg im Breisgau, der Hauptstadt der Deutschen Kieselkunst. Hier findet man Straßenzüge voll Kieselkunst und Motiven. Unter anderem, eine Regionale Identität. Und so findet man auch in Darmstadt, wie auf Seite 18 u. 19, die Regionale Identität des Jugendstils, usw. Und wenn man dies in den Vergleich mit beispielsweise Portugal, oder auch Griechenland stellen will, sollte man so viel Einsicht haben, das funktioniert nicht, ist nicht richtig und stimmig ebenfalls nicht.

In Deutschland wird die Pflasterkunst und deren Akteure, sehr oft herabgewürdigt, da man der Überzeugung ist, allein schon aus Technischen Gründen, man könne hier nicht gestalten. Das ist jedoch ein absolut fataler Irrtum und wenn richtig reflektiert wird, bekommt man die Bestätigung das man sich gewaltig irrt...

Natürlich muss man heute in der Pflasterkunst flexibel sein, mehr noch als vor 100 Jahren. Muss sich auf neue Bauten einstellen, auch auf Südländische Bauten, die ebenfalls heute gerne adaptiert werden, muss auch die Farbgebung angleichen und auch manchmal mit „Exotischen" Materialien hantieren. Aber auch hier ist eine Balance wichtig, Maß halten ist angesagt. Leider wird das aber nicht richtig gemacht, bzw. verstanden, multikulturelles pflastern scheint dann die Lösung zu sein, um die Offenheit zu begründen, etwas zu pflastern, das eigentlich nicht in die Umgebung passt. Gerne wird es auch als, frei von Zwängen, genannt. Doch auch das ist falsch, denn es geht im Pflastergewerk, erst recht im Naturpflasterbereich, um „Zwänge". Die Gründe dafür sind eindeutig.

Schaut man sich diese beiden Bilder an, wird man einen Hauch Bella Italia vermuten können. Schon der Stein, Porphyr, sagt es wohl aus. Aber es ist eine Deutsche Pflasterung in der Region Mittelhessen und es passt auch dorthin.

Allein schon von den Gegebenheiten und der Porphyr? Auch, er ersetzt den Deutschen Porphyr, der heute nicht mehr gebrochen und zu Pflaster, hergestellt wird, leider.

Und das meine ich, man kann und muss sicherlich auch, die Farbkompositionen von Natursteinpflaster variieren, oder auf alternativen zugreifen, aber es muss passen.

Da es heute den italienischen Porphyr mittlerweile aus tieferen Schichten gibt, bekannt unter Kern-Porphyr, ist es heute fast problemlos diesen in Deutschland einzusetzen. Er ist mit Deutschem Klima, teilweise kompatibel. Das ist ebenfalls wichtig zu wissen.

Gebundene Bauweise:

Viele Parameter sind heute zu beachten, sehr viele, um Kompositionen mit Natursteinpflaster in Einklang zu bekommen. Man kann sich in der Gestaltung und Pflasterung mit Natursteinen schon frei entfalten, aber es muss kompatibel sein, kompatibel mit so vielen.

Was ebenfalls leidlich ist und in Richtung Katastrophal tendiert, ist, wenn man sog. Exotische Naturpflaster Materialien in Mörtel einsperrt, um sie zu schützen, schützen vor unserem Klima, anstatt darauf zu verzichten. Das ist dann eine Begründung, die „Dümmer" nicht sein kann...

Und nun sind wir an einer Stelle, in dem Gestaltungen/Pflasterungen gebunden favorisiert werden. Die Bauweise , von der ich selbst ein zu 100%iger Gegner bin. Jede Menge Gründe gibt es dafür, wie irrsinnig diese Bauweise ist. Abgesehen von Ressourcen Verschwendung, keine Nachhaltigkeit, wirtschaftlich Nonsens, usw., passen Naturpflastersteine und Beton/Mörtel oder andere Materialien wie Epoxide, einfach nicht zusammen, das begründen schon allein, die Naturgesetzlichkeiten.

Nimmt man noch die Ästhetik, Glanz, Schönheit, Natürlichkeit, Lebendigkeit, Charakter, dazu, dann ist es ein Irrsinn, der seines gleichen sucht. Denn aus welchen Gründen auch immer diese Bauweise beliebt ist, es ist reiner Nonsens und Irrational sowieso. Denn keine gebundene Naturpflasterung kann Glänzen. Versiegelte Naturpflasterflächen sind tot, beinhalten kein Leben mehr in sich und sind im Sinne keine Naturpflasterflächen, sondern eher Betonpflasterflächen.

Hier ein Beispiel, Formatiertes Naturpflaster gebunden verlegt und gebunden verfugt...

Langzeitphase über 5Jahre…

Abgesehen davon, dass vieles auch dilettantenhaft gepflastert wurde, die gebundene Bauweise zeigt Ihre Fratze… Keines von den Bildern hat 2Jahre unbeschadet überlebt…

Seitenweise könnte man Beispiele zeigen, was die gebundene Bauweise anrichtet und anrichtet heißt, bei aufnehmen solcher Flächen, muss das meiste Pflaster, bis 90%, entsorgt werden.

Die gebundene Bauweise für Naturpflasterflächen im Format Spaltrau, ist der Tod. Muss man so krass und deutlich machen.

Die gebundene Pflasterung mit Naturpflaster ist nicht neu und sie hat auch eine Legitimation, aber wie sie heute benutzt wird, ist absolut verkehrt, wenn nicht sogar sinnlos. Es gibt Bereiche da ist man, schon aus technischer Sicht gezwungen, diese Bauweise zu verwenden, aber das sind nur wenige Situationen in dem das dann, Sinn ergibt.

- Ornamentik
- Überdachte Bereiche
- Podeste
- Flächen >20qm
- Terrassen mit Betonfundament(Decke)

Alles andere ist Verschwendung, zudem auch noch teuer. Und das ist gerade ein Punkt, der nicht berücksichtigt wird, teuer, Kostenaufwendig in jeglicher Beziehung, dafür aber kein vernünftiger Zeitwert. Es ist, verzeihen sie den Ausdruck, Geld aus dem Fenster schmeißen.

Es gibt mittlerweile die ausgeklügelten Materialien, laut Fachwelt und Experten, Epoxide, Basis auf Epoxide, flexible Mörtelmischungen, Wasserdurchlässige Fugenmaterialien, usw. Doch sie ändern auch nichts an der Tatsache, dass trotzdem Naturpflasterflächen auch mit diesen Materialen, scheitern. Der Versuch Naturgesetze zu hintergehen, austricksen, funktioniert einfach nicht. Spätestens, aber wirklich allerspätestens, nach 20 Jahren und da hat sich schon einer akribisch an die Sache herangetraut und es absolut gut ausgeführt, sind solche Flächen dann Müll Wert. Denn den Glanz, den solche Flächen haben, zu Anfang, verlieren sie ganz schnell und sie werden mürbe. (Die meisten Flächen, schaffen es nicht mal bis auf 20Jahre)

Naturpflasterflächen mit Spaltrauen Pflaster, müssen lebendig sein. So wie sie Gestalterisch in Erscheinung treten sollen, so müssen sie auch in ihrer technischen, Statik sein. Sie müssen, das tun sie auch, sich bewegen. Spannungen, wie Bsp. Mörtelfugen, können sie nicht absorbieren, sie werden durch Bewegungen, Fahrzeuge, thermische Schwankungen, dafür sorgen, die Fugen zu sprengen.

Daher, Naturpflasterflächen in gebundener Weise zu gestalten und zu pflastern, ist sehr gefährlich, da die Kosten und den Wert, den man bekommt, in keinem Verhältnis stehen, zu den Flächen, die ungebunden und lebendig sind. Das Verhältnis in Zahlen würde sich dann so widerspiegeln.

- Bsp. 80qm Gebundene Fläche- Wert 20.000- Zeitwert max. 25Jahre
- Bsp. 80qm Ungebundene Fläche- Wert 12.000- Zeitwert mind. 30Jahre und mehr

Man sollte es sich immer wieder hinterfragen und das ernsthaft, ob der Sinn der gebundenen Bauweise gegeben ist, da es immer eine unbekannte ist, wo jeder Fehler in verkürzter Lebensdauer mündet.

Moderne junge Gestaltung:

Authentizität, Identität, zwei Merkmale die in einer Gestaltung mit Natursteinpflaster(Spaltpflaster) sehr maßgeblich sein sollten, um Willkürliches zu vermeiden. Zwar gibt es Gestaltungsfreiheiten, die auch teilweise berechtigt sind, aber im Naturpflasterbereich, insbesondere Spaltpflaster, keine Anwendung finden sollte. In der gezielten Ornamentik, wenn sie zur Disposition steht, da kann man etwas freiheitlich gestalten und kann auf junge, moderne Motive zugreifen. Trotzdem ist dann immer noch darauf zu achten, dass es dann mit einer Fläche integer ist, dass es einen Einklang bildet.

Wenn in meinen Büchern, gerade der Vorgänger von diesem Buch, immer wieder die Wörter Achsen und Linien vorkommen, dann soll dies die Wichtigkeit, Priorität, untermauern, damit man sich, wie schon beschrieben, dementsprechend einen Leitfaden zusammenstellt um für das Gestalten und pflastern, vorbereitet zu sein.

Denn pflastern mit den verschiedensten Verbänden, benötigt immer eine Richtung. D.h, selbst die einzelnen Steine im jeweiligen Verband, auch u.a „Der Verband im Verband genannt“ benötigen die gezielte Richtung.

Und auch „Wildverbände“, selbst da müssen auch die Steine(Pflaster), den Richtungen, Linien, folgen. Ob 90°,45°, oder gar 30°.und selbst bei Polygonalen.

Der gelbe „Winkel“ deutet die unsichtbare Achse zur Straße und Haus an…

Einfarbige, einfache moderne Hofpflasterung.

Achtet man auf solche Details, sucht sich den richtigen Winkel/Achse vom Gebäude zur Straße raus. Setzt dann die Randeinfassungen, auch im Radius, so dass sich die Linien unsichtbar treffen, ist man gestalterisch immer auf dem richtigen Weg. Und selbst solche, eher moderne, Kubische Gebäude, lassen sich dann, auch mit Kurven, gut gestalten und pflastern. Da hier das ganze einfarbig ist, sogar besser als man hätte erwarten können. Wichtig ist dann auch die Pflasterung, in dem Fall Segmentbogen. Der muss dann auch in die Richtungen gepflastert werden (Siehe Pfeil).
Und somit hat das Haus eine Pflasterfläche, die passt und das ganze sogar authentisch erscheinen lässt. Wichtig ist, es einfach zu halten, der Granit Feinkorn Bsp. war hier für prädestiniert.

Einfache, vielleicht unspektakuläre Gestaltungen/Pflasterungen, mögen keine Herausforderung darstellen, auf dem ersten Blick, doch das täuscht. Man ist gezwungen als Pflasterer und Gestalter sich immer die Gegebenheiten mit den Wünschen des Auftraggebers zusammen, anzuschauen und dabei sofort die möglichen Achsen festhalten, damit der Wunschtraum, nicht zum Albtraum wird. Die Gegebenheiten, das Haus, sind sehr wichtig, denn ihre Positionierung ist u.a entscheidend ob, oder wie können Kurven, Radien, verwendet werden. Es kann passieren, dass manchmal Kurven, Radien, sinnlos sind und den Ästhetischen Zweck, Sinn, sogar konterkarieren.

Ein weiters Beispiel zeigt eine zweifarbige Variante. Gleiches Hauptpflaster, Granit Feinkorn und als zweite Farbe Basalt als Zierläufer. Bei entsprechenden Feingefühl wird man sofort den gestalterischen Unterschied bemerken und spüren wie sensibel, allein nur eine Zierfarbe/Läufer, Flächen verändert. Gleichzeitig weist es darauf hin, hier passt es, dort nicht. Und wieder sind es die Linien/Schnitte und dessen Deutung, wie gravierend sensibel das Ganze ist.

Hier sind die Schnitte, recht schnell auszumachen. Der Gestaltungsweg und die Pflasterung selbst, hat einen markanten Orientierungspunkt, wobei diese Orientierung definiert werden sollte, ohne dabei den Schnitt zu verfälschen.

Wenn man jetzt einige Dinge, die man sich merken sollte, wie Farbgebung, Haus Stil, Standort usw., dann sollte erkennbar sein, hier allein ist die Farbgebung und das Haus, schon so aussagekräftig, dass die Pflastergestaltung kein Farbwirrwarr haben sollte, sondern, wenn überhaupt, in einer „Schwarzweiß" Kombination münden kann. Zumal die einfarbige Variante, wie das vorherigen Objekt, auch genügen würde. Dann müssten aber die einfarbigen Läufer die Aussagekraft vermitteln, prägen. Ergo, man sieht dann plötzlich, welche Gedanken Abläufe sich abspielen, wenn man die Aufgabe als Pflasterer und Gestalter, ernsthaft wahrnimmt. Dabei ist das in diesem Fall, ein recht einfaches Gedankenspiel.

Schlägt man nochmals die Seite 15 auf mit den beiden Skizzen und mit dem Bild der Gegebenheiten, dann wird der Gedankens-Prozess wesentlich umfangreicher. Denn dort entstand im Endergebnis zwar eine farblich einfache Pflasterung/Gestaltung, die aber hätte, wesentlich komplexer sein können, sogar müssen. Hier waren zahlreiche Möglichkeiten vorhanden. Allein schon mit Farben hätte man wesentlich aussagekräftiger Arbeiten können.

- Fläche mit Porphyr, Läufer Porphyr, Basalt ,Porphyr, Granit, Porphyr, Granit
- Fläche mit Basalt, Läufer Basalt, Porphyr, Basalt
- Fläche mit Granit hell, Läufer Basalt, Granit, Basalt, oder nur Basalt, oder Porphyr, Granit Porphyr, oder nur Porphyr, das gleiche evtl. auch mit Manga, oder Rot Granit…

Schon dem Haus und sein „Nordischer Stil" standen so viel Möglichkeiten zur Verfügung, um das ganze Wärmer und Authentischer zu machen. Und selbst Ornamentik in Form von einer Raute, hätte dort auch Platz gefunden und dadurch alles noch mehr aufgewertet.

Man sieht also, es gibt Gestaltungsvarianten, die einfach zu beschreiben sind, bzw. klar und deutlich begrenzt in der Auswahl. Das kombinieren(Varianten), da kann einem schon der Schädel brummen, um dann zu einem Ergebnis zu kommen, das beiden zusagt, also Auftraggeber und Auftragnehmer.

Farbbeispiel in Bild(Bezogen von Seite 15):

Eine von den obig genannten Läufer Varianten, die das „Bild" prägen.

Zu der „Schwarzweiß“ Variante in einfacher Form.

Mit einem Basaltläufer wurden die Gegebenheiten abgesetzt, um so einen schwachen, leichten Kontrast zu bewirken und damit sich Farben vom Haus widerspiegeln und es indirekt einrahmen. Somit wird nichts überfordert und es wirkt dann modern, klassisch. Wichtig ist es, dass alles mitgenommen, eingerahmt wird, jede noch so kleine Ecke, Bauteil, wenn vorhanden, alles muss diesen „Pinselstrich" bekommen.

Jeder Winkel, jede Ecke, jede Kurve, dann kommt die Prägung zum Vorschein und das „Pflasterbild" egal welchem Stil zugeordnet, zeigt sich im Glanze...

Das schwierige hierbei, war nicht der Schnitt dieser Anlage, wie erwähnt, die Gestaltung ziemlich eindeutig, sondern der Segmentbogen. Diesen passend in das Konzept mit einfügen. Warum schwierig? Das kam dadurch das die Feldbreiten sich nicht mit Standartbreiten einteilen ließen, das wiederum aus den unterschiedlichen breiten des Hofes resultierte. Es musste daher das kleinste Maß angenommen werden, das diese Steingröße erlaubte, um den Segmentbogen gleichmäßig pflastern zu können. Gut, dass wir eine kleine Schlagung empfahlen, somit hatten wir Spielraum...

Steingrößen:

Im vorherigen „Fall“, war es dann ein 6/8 Granit Porto Feinkorn. Hier wäre die optimale Feldbreite 0,80- max.1,20m. Dieses ließ sich jedoch nicht einteilen, Zwischenmaße wie Bsp. 1,0m, 0,90m ebenfalls nicht. Nichts von diesen Massen hätte den Segmentbogen gleichmäßig erscheinen lassen. Also kam nur noch die minimale Feldbreite für diesen Stein in Frage, damit der Bogen noch sauber zu pflastern ist und das ist bei dieser Steingröße, 0,80m, möglich. Und so war es dann auch, 0,80m als Standardmaß eingerichtet und dann zweimal verjüngt auf 0,60m, da geht es bei sehr akribisch genauem versetzen gerade noch so, aber es ist aufwendig. Mit dieser Einteilung dann, kam es zum sauberen, passend in diese Fläche, fließenden Segmentbogen. Der letztendlich dafür sorgte das diese Gestaltung stimmig ist.

Eine weitere Vorgehensweise die entscheidend und wichtig ist, bei einer Beratung in dem auch die Steingröße vom Planer/Gestalter empfohlen werden soll, eigentlich muss, sollte gerade im Segmentbogen Bereich, die kleinste mögliche Größe in Betracht gezogen werden.

Allgemein gesehen, sollte man, wenn es um Naturpflaster geht, dem Kunden, Privatbereich, immer das kleinste Mögliche Format anbieten.

- Flächen mit Belastung, PKW, LKW bis 10t, 6/8, bzw. 7/9 und wenn max. 8/10
- Flächen ohne Belastung, Fußverkehr, Stühle; Tische usw. 3/5, 4/6, max. 5/7

Begründung kleinstes Format: Damit lassen sich Naturpflasterflächen(Spaltrau) am besten Barrierefrei gestalten. Hier bekommt man ein schönes und enges Fugenbild zustande, das allein schon maßgeblich in der Pflasterkunst ist, dann die Begehbarkeit der Flächen und das Abstellen von Garnituren auf, Bsp. Terrassen.

Wichtig! Umso größer der Stein, umso grober die Flächenbeschaffenheit.

Zudem hat man, gerade wenn es um den Segmentbogen geht, mehrere Variablen in den Feldbreiten und kann so, wie im vorherigen Beispiel, besser auf unterschiedliche Flächenbreiten reagieren.

Wenn Pflastersteine vorhanden sind, dann muss man natürlich daraus das beste machen, das was möglich ist.
Ergo, dem Pflasterer/Gestalter obliegt auch die Wahl der Steingrösse. Damit entscheidet er schon im Vorfeld über Qualität, in allen Belangen. D.h wiederum, wenn er dem Auftraggeber richtig und überzeugend über die Vorteile des kleineren Formates aufklärt, jener dann zustimmt, wird die Erkenntnis nicht lange auf sich warten lassen und ein „Zünftiges Lob“ wird folgen.

Bemerkung 4:

Nun haben wir nach Authentizität und Identität auch noch die Dimensionierung angesprochen. Ein weiterer Baustein, der in Gestaltungen ebenfalls immer mit Einfließen muss. Denn es kann, ist auch oftmals so, dass allein schon ein kleineres Steinformat eine Naturpflasterfläche entscheidend prägt und das natürlich Positiv. Das gleiche gilt auch für geplante feste Bauteile, wie Randeinfassungen usw. Auch hier ist die Dimensionierung sehr wichtig, da sie die Proportionen einigen müssen.

Proportionen, noch so ein Wort und eine Sache, die in der Gestaltung gravierend entscheidend sind.

Beispiel: Fläche gepflastert mit 7/9 und die Läufer? Entweder gleiche Größe oder max. eine Größe höher, jedoch nicht unter dem Maß 7/9.

Man wird merken, wenn man sich in der Gestaltung bewegt, will selbst auch Geschmack und Qualität verbreiten, das vieles, sehr vieles ineinander greift und auch muss. Weiter wird man feststellen müssen, dass diese Sache keine Wissenschaft ist, auch wenn man es meinen könnte, sondern rein auf Erfahrungen aufgebaut ist. Das wie folgt zustande kommt.

- Umsetzen von vermittelten Fachwissen-
- Umsetzen der Fachkenntnisse-
- Umsetzen der Erfahrungen-

Dies drei Grundpfeiler und das schon Jahrhunderte werden übertragen und von da weiter übertragen. Dabei entwickelt sich immer eine neue Generation mit „neuen Geschmack“ aber immer mit den Tugenden vergangener Grundlagen und Meister.

Wird dieser Weg nicht eingehalten, sind die allermeisten Pflasterungen zum Scheitern verurteilt und es bilden sich Flächen, die in jeglicher Hinsicht Substanzlos sind. Das merkt man, wenn man diesbezüglich sensibilisiert ist.

Ornamentik:

Die Gestaltung von Pflasterflächen ist das eine und wie beschrieben sehr Komplex und Facettenreich. Nimmt man jetzt noch die Ornamentik mit hinzu, quasi als Symbolisierung von Flächen, Häuser oder Personen, dann wird es sicherlich noch komplexer und aufwendiger. Gestalterisch, wie in der Ausführung.

Grundsätzlich ist der Spielraum in dieser Hinsicht, sehr groß. Man hat hier auch etwas mehr Freiheit in der Gestaltung von Ornamentik, da dieses heut nicht mehr so üblich ist, wie zu vergangenen Zeiten, in dem oft gezielt auf das Symbolisieren mit Ornamenten geachtet wurde und auch nach striktem Vorgehen, gepflastert wurden. Heute, das muss ich einräumen, ist es etwas einfacher, da man auch mit außergewöhnlichen Motiven, arbeiten kann. Trotzdem ist Maß zu halten. Wenn sollte es nichts verspieltes sein, damit daraus nicht schnell eine Lachnummer wird, werden kann.

Ornamentik/Verzierung:

Im Prinzip gibt es in der Ornamentik Bezeichnungen, die man sich evtl. merken sollte, um Unterschiede zu machen. Zwar ist das nicht so wichtig, aber man sollte es tun, somit ist man besser sortiert. Es gibt,

- Einfache Rauten, Kreise, Vierecke, Pfeile, das zur unspektakulären Symbolik gehört-
- Blumen, Pflanzen, Tiere, Maschinen, Zeichen(Sternzeichen), Namen, usw. da geht es schon in die gezielten Symbole-
- Abzeichen, Handwerkssymbole, Berufe allgemein, Wahrzeichen, Christliche Zeichen usw. da bewegt es sich in Richtung Kunst Ornamentik-

Des Weiteren kann man dann noch sprichwörtlich, Ornament als gezielt nennen und, das gibt es auch, Situations-Ornamentik. Letzteres konzentriert sich hauptsächlich auf den Segmentbogen. Hier können aus verschiedenen Technischen Vorgaben, Ornamentik entstehen, wenn man sie, Bsp. mit Farben absetzt. Die Rosette ist so ein Beispiel.

Hier die Funktion der Rosette, aus der in allen Richtungen dieser Kreis zugepflastert werden kann und gleichzeitig mit Farben abgesetzt, bildet diese Rosette eine Blüte. Ihr technischer Zweck, Kreuzungen…

Hierzu kann man dann noch den Segmentbogen Tiefpunkt und Hochpunkt farblich absetzen, um etwas Symbolik zu zeichnen oder auch rechtwinklige Drehungen, kann man auch untermalen und schon werden durch diese, eher technischen Vorgaben, Situationsbedingt, Segmentbogen Flächen lebendig und bekommen dadurch auch noch einen künstlerischen „Touch“.

Beispiele: Hochpunkt und Tiefpunkt…

Wenig ist mehr und so ist es heute mit der „Ornamentik“. Zwar kann man sie immer wieder anwenden aber so wie in der Vergangenheit, in dem diese sehr Zeit bezogen und ausgeprägt waren, nicht mehr.

Durch die heutigen Bauten, ist daher mit viel Bedacht zu arbeiten, um die Ornamentik darauf abzustimmen.

Viele gegenwärtige, moderne Gebäude lassen es nicht zu das man sie symbolisiert, zumindest erschweren es deutlich. Naive oder einfache Motive sind aber möglich, sollten aber von der „Platzierung“ eher im Hintergrund stehen.

Historie/Denkmalschutz:

Ein Bereich, Gebiet, das in diesem Buch nicht fehlen darf, da es Intentionen begründet, warum etwas so ist, wie es ist.

Wenn man nochmals einen Gedanken zurück springt und die Ornamentik nochmals erwähnt, wird man wieder mehr verstehen und auch reflektieren können, warum einige Dinge, „einfach so sind, wie sie sind".

Wenn man sich die Blütezeit der Pflasterkunst betrachtet, ende 19Jh. Anfang 20Jh. wird man erkennen das das Tun immer etwas Besonderes war. Dies zeigt sich auch im Bereich der Pflasterkunst. Hier haben sehr viele Meister aus dem Material Stein, das gemacht was man ihm auf den ersten Schein nicht zutraut. Zudem wurden Pflasterungen, zwar nicht erstmals, strukturiert, der Unterschied diesmal, war das farbliche absetzen. Und hieraus haben sich, mit oder auch ohne Ornamentik, die schönsten Pflasterungen, die zum Teil heute Denkmal geschützt oder mindest Denkmalwürdig sind, entwickelt.

In dieser Blütezeit wurden Pflasterverbände verwendet, am Anfang des Buches schon erwähnt, die in ihrer Erscheinung einfach und unspektakulär sind. Abgesehen vom Segmentbogen, der gerade begann zu entstehen, waren es der Wildverband, später der geordnete Wildverband(Passe), Schuppenpflaster und Reihenverband. Und diese Verbände sind für einen Pflasterer auch heute genauso wichtig wie Damals. Wichtig, wenn es um Restaurationen geht oder gar Rekonstruktionen. Aber auch, das wurde schon erwähnt, als Alternativen, wenn es die Umstände zulassen oder als unausweichliche Option des vorhandenen Materiales(Formatqualität).

Kommt nun zum Gestalten/Planen auch noch der Denkmalschutz dazu?

So werden einige sicherlich denken und sich fragen, ob das auch wirklich notwendig ist. Das ich hier, mit einem deutlichen ja beantworten muss. Denn ein Pflasterer(Meister) war damals schon ein Spezialist und muss es heute sogar erst recht sein, allein schon aus den Handfertigkeiten, die er benötigt, um auf die unterschiedlichsten Verbände zu reagieren. Hieraus resultiert auch der „Spezialist".

Dass es ein Spezialist spätestens heute sein muss, zeigt schon welches Portfolio er haben muss, um es den heutigen „Anfragen" entsprechend, Genüge zu tun. Und wie wichtig das wiederum ist, zeigt die Ausbildung heute diesbezüglich, die es in der Form nicht mehr gibt. Pflastern einzelner Verbände schon, aber das spezifische Wissen nicht und das macht es aber aus, bzw. markiert den Unterschied.

Beispiel dazu. Eine Wildverband Gestaltung/Pflasterung Juni 2015.

Die Ist Situation. Gebäude, Haus von ca.1910, Jugendstilvilla ohne Nennenswerten Eingangsbereich, der mit Waschbetonplatten(etwa 1980) belegt wurde. Die neue Idee war, die Zugangswege mit gebrauchten Basaltpflaster zu pflastern.
Unsere Idee war es, daraus eine Jugendstil Pflasterung zu machen, ähnlich wie auf Seite 18, doch diesmal mit gebrauchten historischen Material(100Jahre alt), dass die notwendigen Merkmale hatten, die für so eine Pflasterung die entsprechende Authentizität vermittelt.

Juni 2015 wurde dieser Eingangsbereich gemacht und durch diese Sepia Farbe untermalt, könnte man meinen das ist schon Hundert Jahre alt. Und es ist eine Rekonstruktion, keine Restauration und gerade mal 6Jahre alt...

So kann man, muss man, das pflastern und gestalten verstehen und wird feststellen, dass die Historie, die eine Seite der Medaille ist, dessen „Vorgaben“ übersichtlich ist, die andere Seite aber zeigt, wie wichtig es ist, die Umsetzung im Detail zu verfolgen. Dann wird es Authentisch und bekommt eine Identität, die in ihrer Erscheinung, das ist was sie sein muss, auch im 21Jh.

Man kann es auch so deuten, alte Gebäude, Häuser, die über hundert Jahre alt sind, gleich alte ursprüngliche Verbände. Schwierig wird nur die Umsetzung der Pflasterung, da ist es von höchster Priorität, die Verbände richtig anordnen und pflastern zu können. Der Segmentbogen als Gegenbeispiel, der kann historisch betrachtet nicht die Lösung sein, da er zeitlich gesehen ein „Junger“ Verband ist und nicht zu jedem historischen Gebäude passt. Wenn doch darauf zugegriffen wird, dann sollte er nur integriert werden, damit es mindest eine Halbhistorische Pflasterung wird.

Der Katalog, das Portfolio der Pflasterkunst und ihre Gestaltungen, wie sie präsentiert werden und sich Präsent zeigen, ist groß. Alte Zeit, junge Zeit, aber geändert hat sich nicht viel außer die jetzigen modernen Umstände. Vieles was heute in die Naturpflasterkunst hinein interpretiert werden muss, sind Selbstverständlichkeiten aus vergangenen Zeiten und wenn man sich die Frage stellt, geht das überhaupt, dann kann die Antwort nur sein, ja und muss es auch. Vorbild für Naturpflasterungen und Ideen, ist, auch wenn es unglaubwürdig klingt, immer die Vergangenheit. Dort entstanden die besten Ideen, aber auch die schlechten, dessen Erfahrungen prägen die nächste Generation.

So wird man feststellen, dass man in dieser Handwerkskunst frei ist und doch gefangen in Tugenden, die unausweichlich sind, wie ein gegensätzliches Beispiel zu vorherigen historisch angelegten Pflasterung zeigt.

Viele sind heute der Meinung das Naturpflaster nicht mehr zu jeder Äußerlichkeit und Gebäuden passt. Denn der moderne Baustil, der heute zeitgemäß eher etwas „Kalt“ ist und die Formen, eher kantig, eckig und spitz sind, würden es kaum noch zulassen Naturpflaster als Favorit für die Außenanlagen zu verwenden und lieber dafür auf den Zeitgeist hören und Betonpflaster favorisieren. Ich selbst war in gewisser Hinsicht auch der gleichen Meinung und dachte lange Zeit, gewisse moderne Häuser(Gebäude) lassen sich schwer mit Naturpflaster gestalten. Insbesondere der sogenannte Bauhausstil, veranlasste viel Kopf zerbrechen meinerseits, da ich noch keine Gestalterische Antwort dazu hatte und unsicher war ob überhaupt Runde Formen, Bögen, Kurven zu diesem Haus Stil passen. Gradliniges, das war klar und wenn dann Naturstein, war auch klar, eher Platten als Kleinpflaster. Doch ich irrte mich und stellte fest es geht doch, besser sogar, als ich dachte.

Um klarzustellen, es war für mich selbst ein gestalterisches Wagnis, das ich in so einer Form auch noch nicht gemacht hatte, doch durch die langjährige Erfahrung im Planen/Gestalten, gelang es mir, einem „Bauhausstil“ eine Außenanlage zu erstellen, die alles andere ist als gradlinig. Das Ergebnis, auf jeden Fall besser als gedacht. Plötzlich stellte ich fest, man kann entgegen gesetzt vieler Meinungen, auch „Gradliniges“ mit Kurven, Radien und Bögen gestalten. Um das aber zu ermöglichen, kommt es auf das Pflaster an, Farbe und Größe, denn es sollte dezent, oder einfarbig, auf jeden Fall nicht aufdringlich sein.

Ob diese Gestaltung nun der große Wurf ist, das zu beurteilen ist schwer. Zumindest passt es in das Ensemble rund um dieses Gebäude und hat auch etwas, wenn nicht gar viel, Stimmigkeit. Wichtig bei dieser Pflasterung war der Granit Mosaik hell Feinkorn, der dem ganzen einen Flair verleiht, so das, dass Pflaster selbst, ein wenig unscheinbar wirkt. Der leichte Kontrast durch den Basalt, gibt den Wegen den richtigen „Pinselstrich", und verleiht der Sache, eine feine Note. Farben, die genau zum Haus passen und dieses dann, trotz seiner Bauhausart, rund erscheinen lässt.

Es zeigte sich also, dass auch in der modernen mit Natursteinpflaster(Spaltpflaster) gestaltet werden kann. Wichtig dabei, so präsentiert sich das oft, das dann die Farbgestaltung, der ausschlaggebende Punkt ist. Das Pflaster muss sich bescheiden zeigen, damit es das Gebäude nicht zu stark prägt. Die Balance zwischen modernen Gebäuden und einer Pflasterung mit Natursteinen(Pflaster) zu finden, ist dann die Herausforderung.

Die erwähnten „Tugenden", Erfahrungen, aus diesem Handwerk heraus, sind der Schlüssel. Prioritäten wie, Achsen, Linien, Schnitte, sind zu beachten und sogar noch genauer, wie bei so manchen älteren Gebäuden. Aus geradlinigen etwas „Rundes" machen, ist die dann die „Kunst".

Der goldene Schnitt:

Dieses Thema soll nochmal erwähnt werden, obwohl es in Teil 1 schon beschrieben wurde. Die Sensibilisierung ist die Intention. Nachdenken über Formen und wie sie durch gestalten, „schneiden“(Schnitte) erreicht werden können.

Ein Ziel das schwer zu erreichen, ein Streben danach jedoch unaufhörlich, wenn man die Bedeutung des Schnittes kennt. **Wenn man ihn als Maßstab sieht, dann ist die Bedeutung der Linienführung/Schnitt noch höher anzusiedeln, als sie schon ist.**

Dieser Schnitt wird als Inbegriff von Ästhetik und Harmonie angesehen. Die Verhältnisse des Schnittes werden in der Kunst und Architektur oft als ideale Proportionen gedeutet.
Eine Gestaltung, die sich im perfekten Bildnis der Umgebung anpasst und darüber hinaus integer ist, deutet evtl. einen goldenen Schnitt an, der eigentlich eine Harmonie ausdrückt, die passt und nicht weg zu diskutieren ist.

Etwas das Sichtbar wird und auch dort einfach hingehört.

Nun gibt es einige theoretische Thesen und Analysen, die den goldenen Schnitt definieren und sogar darstellen. Sogar mathematische Zahlen zeigen die Ergründung des Schnittes.

Der Schnitt mathematisch dargestellt:

Der **goldene Schnitt** wird als ein bestimmtes Verhältnis zweier Zahlen oder Größen gesehen.

Zwei Strecken stehen im Verhältnis des goldenen Schnittes, wenn sich die größere zur kleineren Strecke verhält, wie die Summe aus beiden zur größeren. Sie lässt sich durch die irrationale Zahl Φ(griechisch phi) mathematisch berechnen. Wird die längere Strecke a und die kürzere b bezeichnet, dann gilt

$$\frac{a}{b} = \frac{a+b}{a} = 1 + \frac{b}{a}$$

Daraus ergibt sich für das Verhältnis a zu b

$$\Phi = \frac{a}{b} = \frac{1+\sqrt{5}}{2} = 1{,}618033988$$

Sicherlich ist diese Berechnung praktikabel, doch in der Architektur ist dies und wird, wenn überhaupt, unbewusst geschehen. Im eigentlichen sogar läuft hier ein intuitives Handeln ab, das sich dadurch äußert, dass **durch „Zufall“ ein perfektes Bild in Erscheinung tritt. Im Künstlerischen wie auch im Architektonischen.**

Trotzdem empfinde ich es als wichtig den goldenen Schnitt zu kennen. Ihn sogar als erstrebenswert zu betrachten, denn allein ihn als das Ziel jeglicher Gestaltung anzusehen macht mehr als Sinn.
Man ist bestrebt Schnitte mit Bedacht anzulegen bzw. so sollte es sein.

Ist dieser Schnitt Bekannt in der Schneiderei, da kommt er wohl auch her, so ist er auch und dass, so meine Meinung, im Wesentlichen in der Natur zu finden. Diese „Berechnung“ des goldenen Schnitt, ist sicherlich berechtigt, aber ich glaube im Pflastern wird es eher ein Zufall. Da müssen alle Kriterien und Parameter zusammen passen und dann, funktioniert es, aber wahrscheinlich ungeplant.

Trotzdem sollte man den goldenen Schnitt in seiner Bedeutung kennen und auch anvisieren. Ob man ihn dann erreicht ist eine andere Sache, doch wenn man ihn in einer Gestaltung geistig mit berücksichtigt, dann ist man für, in diesem Fall, Naturpflaster Gestaltungen, sensibilisiert.

Und plötzlich, wie ein reiner Zufall, hat man dann doch einen goldenen Schnitt erreicht. Zumal es im Sinne des Zufalls keiner war und ist, sondern die Intention aus der Sensibilisierung…

Gesamtbild:

Nun kommen wir an den Punkt, in dem sich die eigentliche Philosophie und die Berufung des Gewerkes der Naturpflasterkunst ihr Gesicht zeigt. Sogar ihr wahres Gesicht, das so noch in keiner Form dargestellt wurde, bzw. die Feststellung dessen, ist, aus Selbstverständnis-Gründen so nie zur Kenntnis genommen worden. Weit über hundert Jahre prägte die Selbstverständlichkeit das Bild und vernachlässigte dabei die Handwerkskunst und dessen Akteure. Alles, aber auch alles wurde in der Steinsetzer Geschichte aufgenommen und festgehalten, jedoch ein richtiges „Berufsbild“ im Detail und worauf es dort ankommt, wie speziell schon allein der Geselle sein muss, um dieses Handwerk auszuüben, fand nie eine reine spezifische Darstellung. Aber wie erwähnt, die Selbstverständlichkeit in Anwendung dieser Handwerkskunst, hat dies übersehen.

Erfahrungen, Fachkenntnisse und die Handfertigkeiten, sind das eine und natürlich die Basis der Naturpflasterkunst. Sie sind generell der Grundstock der Generationen übergreifend dafür sorgte das diese Handwerkskunst lebt und überleben kann, das Fundament des Gewerkes. Und dieses Fundament, das wie zitiert, ist das eine worauf sich das Handwerk aufbaut, bis hin zu Meisterhafte Steinsetzer, Vorreiter, Spezialisten und Künstler. Alles beinhaltet dieses Handwerk und zeigt damit, dass dieses Handwerk autonom ist, da es spezifisch ist und gerade heute, keine Zugehörigkeit zu anderen Gewerken haben kann.(Straßenbau)

Wenn in dem Buch Pflastern, Gestaltung in der Praxis, schon einige Grundlagen und Vorgehensweisen beschrieben habe, so beschreibe ich hier den „Geistigen“ Bereich, der dann neben allem anderen, das Berufsbild komplett darstellt.

Stellen wir einmal fest wie das Berufsbild des Steinsetzers/Pflasterer tatsächlich ist, gehen wir die Gestaltungsperspektive noch einmal chronologisch durch, dann wird etwas sichtbar, das so noch nie zu erkennen war. Betrachtet es man aus der Historie, dann kommt etwas Trauriges zum Vorschein.

Der Pflasterer/Steinsetzer

- Im 13Jh. Hundepeitscher
- Im 16Jh. Steinesammler/klopfer
- Im 17Jh. Hof-Steinsetzer
- Im 19Jh. Steinsetzer
- Im 20Jh. Steinsetzer/Pflasterer
- Im 21Jh. Spezialist u. Künstler

<u>Das Psychogramm</u>

Der Pflasterer/Steinsetzer und so sollte man es verstehen!

- Landstreicher
- Bettler
- Tunichtgut
- Trinker
- Rebell
- Eigensinnig
- Und Grob

Und trotzdem bedeutete sein Handeln Infrastruktur...

Der Wandel:

Das Pflasterer Gewerk hat einen langen steinigen Weg hinter sich, 800Jahre und auch mehr. War es anfangs unspektakulär und profan,

- Steine lesen, sammeln und in Erde setzen
- Gassen reinigen
- Steine hauen
- Wege bauen
- Höfe befestigen

So entwickelte es sich müheselig zu einem,
- Gewerk
- Zunft
- Professionellen Wegebau und Plätze bau
- Straßenbau
- Kunst
- Bis hin zur Innovativen Vervollkommnung des Pflasterbelages(Kleinpflaster)

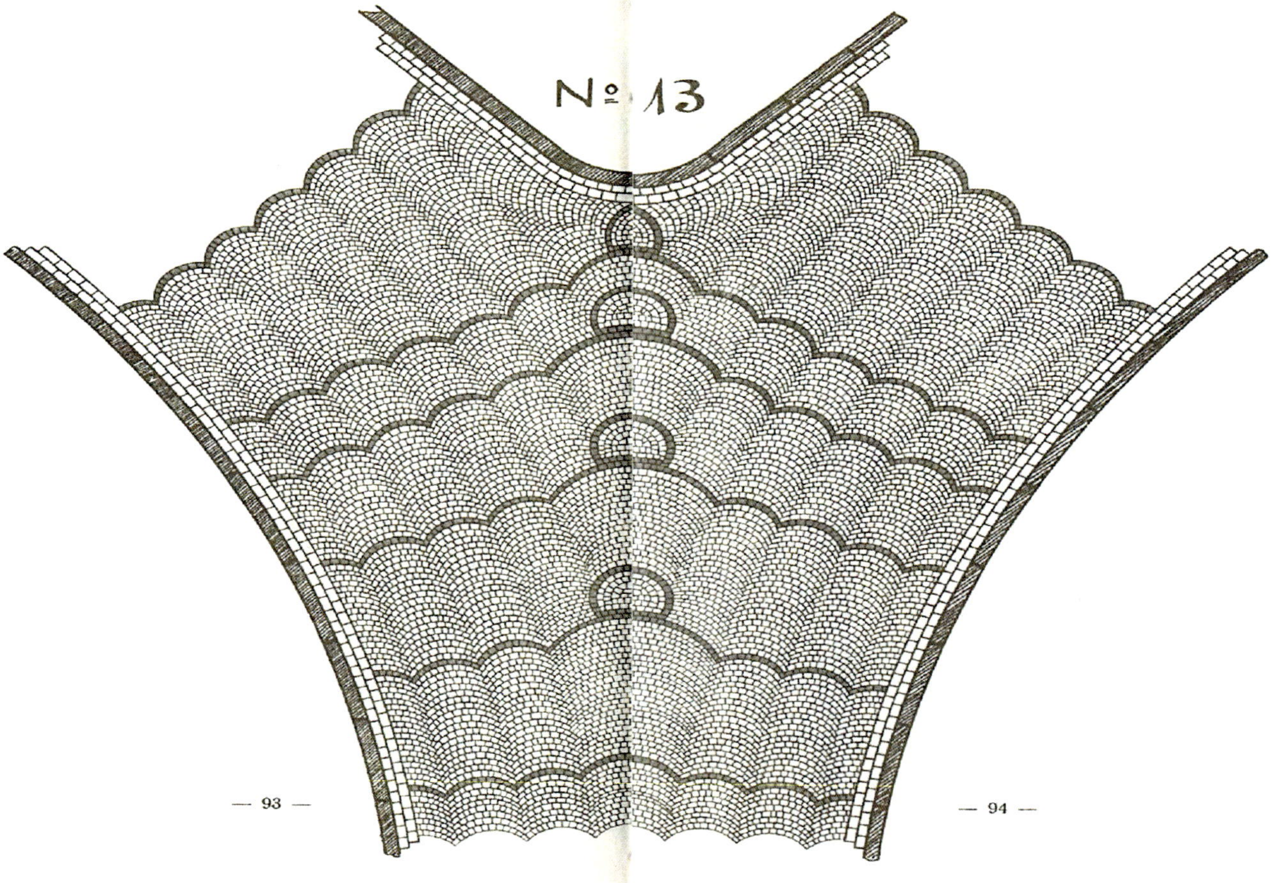

Und so kommen wir an den Punkt, in dem sich das Bild vervollständigt und zeigt, dass pflastern(setzen) zwar eine handwerkliche Tätigkeit ist, zudem aber auch eine Philosophie und Kunst, die man so noch nicht betrachtet hat, weil es oberflächlich gesehen halt eine sogenannte „einfache" Steine legen, Arbeit ist. Doch dem ist so nicht…

Zum einen sind es die Techniken, dann die Bauweise und dann die Gestaltung/Planung, die das Bild komplettieren.

Der Steinsetzer/Pflasterer als solches hat zwei Optionen. Er kann im angestellten Verhältnis agieren und weisungsgebunden sein, das jedoch nicht vor der Verantwortung schützt, bedeutet, die Gestaltungsgrundlagen, die in den Pflasterverbänden verborgen sind, muss er Wissen und ausführen können. Gegebenenfalls muss er auch Veto einlegen. Denn die Authentizität einer Pflasterung mit Spaltpflaster obliegt ihm, da schon erwähnt wurde, wenn es Widersprüchlich ist, fällt es grundsätzlich auf ihn zurück, er wird immer derjenige sein, den es letztendlich betrifft. Daher muss jeder Steinsetzer/Pflasterer das nötige Wissen, das den Pflasterverbänden und dessen Authentizität bis hin zur Identität betrifft, sich zwingend aneignen, nach seiner „Grundausbildung“

Die zweite Option der Steinsetzer/Pflasterer als Selbständiger Unternehmer, Steinsetzer betrieb. Diese Option beinhaltet zwei Wege. Zum einen, hauptsächlich das abarbeiten von Aufträgen jeder Pflasterungsart, zumal die Grundlagen der Pflasterungen selbstverständlich ebenfalls eingehalten und verfolgt werden müssen und hierzu muss er in den Diskurs gehen, wenn vorgelegte Planungen Ungereimtheiten aufweisen. Diese Option unterscheidet sich nicht so gravierend zu dem Angestellten. Die Authentizität der Pflasterverbände und dessen Gestaltungsgrundlagen sind ebenfalls zwingend. Zudem sollten, früher schon selbstverständlich, gewisse Gestaltungsgrundlagen zwingend vorhanden sein, um im Diskurs fachlich zu agieren.

Komplett oder rund ist es dann, bzw. der zweite Weg in dieser Option, wenn sich der Steinsetzer/Pflasterer nebst der Selbstständigkeit sich spezialisiert. Wenn er das ganze Portfolio des Handwerks bedient. Da sind die handwerklichen sowie die Grundlagen der Pflasterverbände, der selbstverständliche Part und darüber hinaus? Da wird es dann so richtig interessant, es zeigt sich plötzlich ein richtiges komplettes „Bild“ und es wird sichtbar, bzw. man sollte dann zur Kenntnis nehmen, hier ist der „Architekt“ der Pflasterkunst. Und das ist, sowie macht den feinen Unterschied aus, der sich dann auch in jeweiliger Platzierung von Naturpflaster Gestaltungen deutlich zeigt, präsentiert. Und besser noch, wenn dann keine Fragen zur Disposition stehen, dann das perfekte Bildnis.

Man muss also, das ist unausweichlich, im Naturpflaster-Gewerk sich konzentrieren. Ich muss diese Berufung leben, mit Leben füllen, damit sie ihre Berechtigung zeigt. Und das Ganze beginnt schon mit dem “einfachen Steinsetzer“.

Und mit Leben füllen, heißt und bedeutet, ich muss dieses Handwerk in seiner ganzen Vielfalt, die wenn man es jedoch genau betrachtet, wiederum so vielfältig ist, als Berufung betrachten. Nicht Job, oder ja kann man mal eben machen, nein das geht in diesem Handwerk nicht. Man muss es ernsthaft zelebrieren. Halb oder Nebenbei, das geht auch nicht, dann wird es meist zur „Lachnummer(Weinen)". Die Pflasterkunst, zumal das Wort Kunst von Können kommt, benötigt immer das Ganze, nie einen Teil.

Aufarbeitung:

Wenn man sich das Pflasterhandwerk heute betrachtet, das auch den Begriff Pflasterkunst verwendet und das mehr als berechtigt. Denn es lässt sich nicht leugnen, dass es Kunst ist, das Können mit Spaltpflaster(Steinen) zu arbeiten.

Hat man nun bis hierhin gelesen, hat versucht Dinge nachzuvollziehen oder zu vervollständigen, ist man, nebst dem Vorgänger Buch, schon ziemlich weit gekommen und es kann dann ab hier der Finalschuß eingeleitet werden, um viele, sehr viele, Läuterungen in einer vielleicht einfachen Form, zu verstehen. Dazu wird das Bild der „Pflasterkunst" noch einmal, etwas Chronologischer dargestellt, um das Handwerk zu „greifen".

Gehen wir vom 1. Kapitel aus, dann sieht die Grafik der Pflasterkunst, oder auch Pflasterhandwerk, folgender Massen aus.

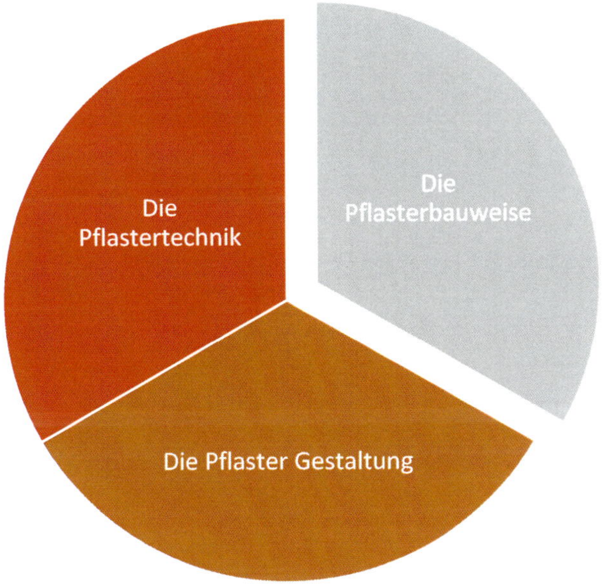

Und somit haben wir die Grundpfeiler dieser Handwerkskunst. Selbstverständlichkeiten, Technische regeln und Architektur. Wiederholen wir weiter, was ist und macht einen „echten Pflasterer/Steinsetzer" aus? Auch das sollte verstanden sein, er ist die Verantwortung, er ist der auf dem es ankommt und wehe nicht. Er ist derjenige, wenn er sich den Steinen verschrieben hat, der prinzipiell Antworten bereit zu halten hat. Ihm darf es nie ausreichen, genügen, wenn Berufsfremde ihn kolportieren und meinen, alles wird gut, das wäre der Tod. Nein, schon von Beginn an, lernt der Pflasterer/Steinsetzer seine Berufung, schon allein das Steine „schleppen" bewirkt dieses. Und dann, wenn alles rund läuft, dann entsteht Pflasterkunst und man merkt, etwas tut sich, aber wiederum auch nicht. Denn Selbstverständlichkeiten verwischen sich schnell, zwischen dem unerwarteten und dem was „eigentlich" normal ist.

Aber weiter, wenn man nun die 3 Grundpfeiler als solches auch sieht, wenn man es ebenfalls als zusammen gefügtes Bild sieht, dann ist es immer noch, oder sinnbildlich immer noch nicht die Pflasterkunst wie man sie betrachten kann, warum? Dies ist individuell, beruht sich zwar auf alle Kriterien, die beschrieben wurden, aber alles, bzw. der Mantel über diese Kunst, ist die Gestaltung, die heimliche Architektur der Steinsetzer/Pflasterer.

Dann erklären sich die drei Grundpfeiler folgendermaßen und münden dann in die Pflasterkunst.

Die Techniken der Pflasterverbände. Hier muss der Steinsetzer annähernd alle Verbände richtig einsetzen und pflastern können.

Die Bauweisen. Hier muss der Steinsetzer immer darauf achten, dass er die richtige Abstimmung der Bauweise trifft. Also Unterbau, Oberbau, Tragschichten, Randeinfassungen und das Bettungsmaterial zum Versetzen der Steine.

Die Gestaltung. Hier trifft alles aufeinander, zudem dann auch noch die Eigenschaften der Architektur hinzu kommen. Hier muss der Steinsetzer noch viel mehr leisten, das meist im geistigen abläuft. Er muss darstellen und skizzieren können, seine Planungen/Gestaltungen mit

- Authentizität
- Identität
- Struktur
- Integration
- Symbolik
- Personalisierung bestücken.

Und dazu noch die richtige Balance, damit das „Endprodukt" in einer Selbstverständlichkeit mündet.

Die Gestaltung vereint den Steinsetzer, hier zeigt sich dann, man muss den ganzen Weg als solcher beschreiten, um dann an diesen Punkt zu kommen und, das ist wichtig sich zu merken, der ganze Weg ist und kann auch eigentlich nicht anders sein, handwerklich geprägt. Denn diese Handwerkskunst ist auf praktische Erfahrungen aufgebaut und nicht wie es heute gerne dargestellt wird, Theorie und theoretisches würde in vielen Fällen ausreichen, um es dann auch damit zu bewerten. Die Fehlinterpretation vieler „Experten" die mit dieser Denkweise das heutige Chaos im Pflasterbau, bilden.

Pflastern, Pflastergestaltung und Pflasterkunst, bilden das Pflasterhandwerk. Ein rein eigenständiges Gewerk, das man schätzen lernen muß...

Anreize:

Sie gibt es, die Pflasterkünstler. Auch heute wieder entwickeln sich, immer mehr Steinsetzer/Pflasterer zu wahrlichen Experten. Und wahrlich, sie beschritten und beschreiten den Weg bis dorthin, um dann diesen handwerklichen Werdegang zu zelebrieren in Form von Harmonischen Gestaltungen.

Mit folgenden Bildern, Pflasterungen und Gestaltungen, möchte ich nebst die von mir gestellten Bilder, zeigen wie zwei Kollegen und Freunde von mir, ebenso dieses Handwerk zelebrieren. Aber das sind nur zwei, der Nachwuchs ist schon auf dem Vormarsch. Viele die meine Bücher gelesen haben, haben es verinnerlicht und verstehen um diese Handwerkskunst...

Drei kleine Beispiele von Frank Schnitzler(Steinkunst-Schwaben)

Pflasterungen und Gestaltungsideen, von Steinkunst-Niesen(Richard Niesen)

Gestaltungen im Überblick:

Pflasterbau, Pflasterhandwerk und Pflasterkunst. Geht man jetzt etwas differenzierter an diese Sache, wird einem evtl. bewusst, dass vieles einheitlich klingt, vielleicht sogar die Synonyme für „pflastern“ im Allgemeinen sind, aber doch auseinander gehalten werden müssen. Das pflastern heute hat sich in einigen Bereichen auseinander dividiert, zum einen in industriellen Bereich, dann in die moderne Betonpflaster Verlege Techniken, in die Modifizierung/Formatierung von Naturpflasterformaten, bis hin zur ursprünglichen Pflasterkunst mit geschlagenem- gespaltenem Natursteinpflaster, das aber immer noch der Ursprung dieses Handwerks ist.

Die Gestaltungsrichtlinien, sind jedoch einzuhalten und zu beachten. Sicher gibt es auch in diesen Teilbereichen unterschiede, Bsp. Industrielle Betonpflasterflächen, ihr Merkmal meist einfache Verbundsteine, die sich den Gegebenheiten der eher „kalten“ Gebäuden/Umgebungen anpassen, gradlinig, spitzwinkelig und Betongrau, aber trotzdem nach Achsen, Linien/Schnitte angelegt. Einfach, unspektakulär, aber trotzdem mit „System. Zudem wird in diesem Bereich sehr oft mittlerweile, sogar maschinell verlegt.

Bei den Betonpflaster-Verlegearten/Techniken in dem auch teils Verbundsteine zum Einsatz kommen, sollen die Gestaltungsgrundlagen ebenso verwendet werden und sichtbar sein. Doch hier wird es oftmals kritisch, da dieses verlegen mit diesem Material sehr unterschiedlich interpretiert wird, oftmals das bisschen Harmonie, das man dort auch erreichen kann eher ignoriert und der Überzeugung ist, dass die zahlreichen Farben, die es mittlerweile gibt, das ganze „Stimmig“ machen.

Ohne zu wissen, dass die vielseitigen Betonpflastersteine, die heute zur Verfügung stehen, eigentlich nichts anders darstellt wie das Industrielle, nur halt Farbreich und für den Privatsektor, bzw. für Jedermann. Letztendlich nichts Individuelles, sondern einfach nur Massenware.

Schaut man sich dieses Bild genau an, dann sieht man schon das es sehr sauber ausgearbeitet wurde. Doch die Gestaltung, bzw. die richtige Anordnung des Schnittes, eher dilettantenhaft. Hier wurde nicht nach den Regeln der Gestaltung vorgegangen, einfach nur so wie es evtl. passen könnte. Zumal das fatale an diesem Bsp. die Verlegung(Richtungen) der Betonsteine…

Formatiertes Naturpflaster, mittlerweile so zugearbeitet, dass man es verlegen und sogar kleben kann. Es hat mit dem ursprünglichen in jeglicher Art, nichts mehr zu tun. Hier versucht man Naturpflaster „künstlich“ darzustellen, um es auch in der heutigen Zeit zu „gewähren“. Fachlich gesehen, werden hierfür fast keine Spezialisten mehr für gebraucht und sachlich? Durch diese Varianten entstehen Steinwüsten, leblose „Pflasterflächen“. Und durch ihre gebundene Ausführung, Verschwendung pur, mehr geht schon nicht mehr…

Diese beiden Bilder zeigen die Leblosigkeit, Verschwendung und die nutzlose Reparatur, übrigens 2Jahre nach damaliger Fertigstellung. Es werden sich weiter Schäden bilden bis hin zur Entfernung dieser „Wüste“ und dann evtl. komplett erneuert. Im Zeitturnus von 8-12 Jahren…

Bemerkung:

Nun zum Abschluss Bemerkungen und Feststellungen, die Teils zu diesem Buch gehören, aber auch Teils im Gesamten Gewerk Pflasterbau zu finden sind, bzw. Gutachterliche Bewertungen zur Disposition stellen. Es geht um Sachverständige, die sich in diesem Bereich befinden, bzw. meinen, eine gewisse Zuständigkeit dafür zu haben.

Zum Leidwesen des gesamten Gewerkes, ist hier eine totale Fehlbesetzung von Experten (Sachverständige) entstanden, das im Ganzen mit Worten und Erklärungen kaum fassbar ist. In diesem „Rechtsbereich" tummelt sich alles, sogar Gewerks Fremde, sogar Sachverständige aus dem Gartenbau und auch Hochbau. Das Problem, es gibt fast keine Sachverständige in Deutschland, die das ursprüngliche Pflastergewerk oder die Pflasterkunst(Können) fachlich und sachlich bewerten können. Es fehlt an spezifischen Wissen, zumal dies nur aus dem Handwerk selbst generiert werden kann.

Gerade das Spaltpflaster, geschlagenes Pflaster Spaltrau und die Pflasterkunst mit diesen Material, das die Ursprünglichkeit des Handwerks deutet, ist davon betroffen. Hier wird von den vereidigten Experten nicht differenziert, obwohl dies unbeschreiblich wichtig ist. Diese fehlende Differenzierung veranlasst, dass Gutachten hervortreten, die man dann nicht begreifen kann, bzw. nicht verstehen kann. Juristisch unerklärbar wie Sachverständige heute dieses Gewerk der Pflasterkunst analysieren und doch nicht wissen was sie da tun, oder doch?

Gesägt u. Gestocktes Granitpflaster in Segmentbogen

Was jetzt für viele unglaublich erscheint, nicht zu verstehen ist, diese Leistung wurde trotz oder mit Sachverständigen, als abnahmefähig deklariert und diese Leistung musste und wurde vergütet. Eines von vielen fragwürdigen Entscheidungen.

Obwohl in den allermeisten Fällen im Pflasterbau/Pflasterkunst es unwiderruflich sichtbar ist, wo geschlampt wurde oder auch nicht, entstehen Gutachten, die an die Neutralität von Sachverständige, enorm Anzweifeln lässt.

Dabei lassen sich Naturpflasterleistungen mit Spaltpflaster recht sachlich neutral bewerten. Es ist recht einfach auszumachen, wo wurde evtl. gepfuscht und wo nicht. Sicher ist, man muss dieses Gewerk kennen, aber das reicht in dieser Sachlage nicht aus. Es ist für einen Sachverständigen, bzw. Pflicht, den Bereich Spaltraues Naturpflaster, in all seinen, allein schon das Material selbst, Eigenschaften als solches zu kennen. Hiermit kann er dann auch gewisse Bauweisen besser verstehen und einordnen. Er muss es nicht nur theoretisch greifen können, sondern auch handwerklich, also auch fühlen können. Ist das nicht der Fall und das ist heute sogar der Normalzustand solcher Experten, werden Gutachten diesbezüglich fast immer scheitern und das, grundsätzlich zum Nachteil des Handwerkers.

Bsp

.

Wenn man als Sachverständiger so eine Arbeit betrachtet, dann sollte er auf die Details der Pflasterung achten und dabei feststellen das hier allein der Segmentbogen schon aussagt, dass ein Spezialist am Werke war. Somit hat er eine entsprechende Grundlage und kann somit im Vorfeld evtl. Mängel ausschließen.
Doch die heutige Realität ist diese, 95% der Sachverständige können und haben diesen „Blickwinkel“ nicht und schlimmer noch, sie wollen auch nicht.

Heute ist es ausschließlich so, dass diese „Gutachter" Bewertungen sofort mit Regelwerken konfrontieren, um im gleichen Atemzug Mängel festzustellen, zumal es bei der Pflasterkunst(Können) für diese „Experten" ein leichtes ist, da sie diese Spezialisierung und eigens dessen Techniken nicht mehr kennen und diese zum Teil auch mit den heutigen Regelwerken nicht kompatibel sind. So, „fummeln" sie sich durch und entscheiden wer ist gut und wer ist böse.

Bsp. Eine wahrliche Beliebtheit bei den „Gutachtern" ist eine banale Sache, die oftmals den Handwerker in errötende Bedrängnis bringt, obwohl es eine, wenn überhaupt, Schönheitssache ist. Und zwar die Sache mit sogenannten Schneidern, Kreuzfugen im Pflasterverband, Bsp. Segmentbogen. Dies wird gerne als Alibi von Gutachtern benutzt, um zu signalisieren, sie wissen, wovon sie reden, sie kennen das Handwerk und man könne ihnen nichts vormachen. Das es Halbwissen ist, mehr nicht, verheimlichen sie, um somit nicht aufzufliegen, dass sie eigentlich keinen blassen Schimmer von dem Pflastergewerk haben. Sie berufen sich auf die nicht Zulässigkeit von Schneidern, Kreuzfugen, wissen aber definitiv nicht auf was sie sich berufen. Es ist mittlerweile bei diesem Klientel zu einem Totschlag Argument geworden um sich u.a zu legitimieren.

Erste Besichtigung eines Sachverständigen für eine Segmentbogen Pflasterung und die Reaktion, Kreuzfugen! Wissen aber nicht was sie da sagen, es wird einfach behauptet, um so den Steinsetzer in Bedrängnis zu bringen, der erste Schritt, um ihn zu diskreditieren.

Der fachliche Begriff Schneider, Kreuzfugen: Diese sind zu vermeiden, verboten sind sie nicht und sie sind zulässig, wenn es bis max. jeweils 3Steine trifft. Dazu sind Kreuzfugen so zu betrachten, wenn, dass sie tatsächlich sich kreuzen, schon 1cm Überlappung, ist keine Kreuzfuge. Auch wenn sie schräg erscheinen, ist dies nicht als Kreuzfuge zu deuten, da sie mindestens immer einen Stein überlappend berühren.
Kreuzfugen sind Schönheitsfehler, keine technischen Mängel. Wenn sie tatsächlich 3 Steine oder mehr überschreiten, sind diese zu wechseln, bzw. Überlappend positionieren.

Eines von einigen fachlichen Besonderheiten im Pflastergewerk(Spaltrau) das Sachverständige nicht mehr berücksichtigen. Es werden Kreuzfugen gesehen, ob welche tatsächlich vorhanden sind oder dem nur ähneln. Aber das ist nur die Sache, geht man etwas weiter in der heutigen „Unfähigkeit" von Sachverständigen, wird es sogar noch brisanter und Willkürlicher. Denn es gibt mittlerweile zahlreiche Experten auf diesem Gebiet, die sogar der Gutachterlichen Meinung sind, das für einen Segmentbogen die Steine zugeschlagen, zugearbeitet werden müssen, um den Segmentbogen zu realisieren. Oder sie unterscheiden nicht mehr zwischen formatierten und Spaltrauen Pflaster, vereinheitlichen es, und, und...

Gegenwärtige Sachverständige agieren heute nicht mehr fachlich sachlich, sie modifizieren ihre Bewertungen so wie sie es für sich benötigen und gehen dabei jeder fachlichen Genauigkeit aus dem Wege. Bei Besonderheiten erst recht.

Die Sachverständigen für das Pflastergewerk/Pflasterkunst(Spaltraues Pflaster) heute:
Um die Brisanz zu erahnen, das was sich diesbezüglich abspielt. Es werden die vom Gericht „vereidigten“ Sachverständige nicht mehr so nach Gewerk eingesetzt, da wie erwähnt viele, sehr viele gerade im Pflastergewerk(Spaltraues Pflaster) nicht mehr das nötige Wissen haben, sondern das, was gerade zur Verfügung steht. Sachverständige

- Aus dem Gartenbau-
- Aus dem Gala Bau-
- Aus dem Maurer Gewerk-
- Aus dem Straßenbau, aber dort gibt es die Pflasterkunst nicht mehr
- Und auch aus dem Tiefbau
- Pflasterer, Pflasterermeister, Fehlanzeige

Obwohl 90% von diesen Gewerken, keines die Pflasterkunst mit Spaltrauen Naturpflaster und dessen spezielle Techniken und Fertigkeiten beinhalten. Geschweige das diese Leute Sachverstand zu diesen Gewerk haben. Es kommt Tag täglich zu Gutachten, die nicht weit vom Bösen entfernt sind. Egal ob tatsächlicher „Pfusch“ oder tatsächlicher absoluten Facharbeit. Es entscheidet der Sachverständige und das wirklich in Echt, wer bezahlt oder wer nicht. Es herrscht in diesem Bereich der evtl. Sachkundigkeit nur noch Willkür und Anarchie, nicht mehr das tatsächliche Fachliche... „Traurig aber wahr“

Unter der Obhut von Sachverständigen, wird auch so etwas legitimiert...

Schlusswort:

Nun habe ich gerade die letzten 3 Seiten mit etwas beschrieben, das viele, wenn sie an Gerechtigkeit glauben, nicht verstehen. Sie werden es für nicht reell betrachten, sondern denken es sei alles übertrieben und entspricht, dem so nicht. Doch zum Leidwesen der Steinsetzer/Pflasterer, es ist so und das oftmals noch schlimmer, als diese 3 Seiten erwähnten.

Wenn man bis hierhin das Buch durchgelesen hat, wenn man die tatsächlichen Intentionen verinnerlicht hat, wenn man sie Grundsätzlich auch versteht, dann erkennt man, bzw. das sollte man, dieses Gewerk der Pflasterkunst ist speziell. Pflasterkunst, oder Pflasterbau, alles hat seinen Ursprung in der Geschichte und das sind Hunderte Jahre. Es hat viele Meilensteine hinter sich, Wege, die man heute nicht mehr aufholen kann, sondern wenn überhaupt, gerade mal festhalten, wie dieses Buch u.a erklären vermochte

Die Pflasterkunst und ihre vermeintliche Einfachheit, ist nicht so wie sie sehr oft, gerade heute, als einfach zu betrachten. Es ist der Ursprung, die Innovationen, das dieses Gewerk erlebt hat, die heute immer noch nicht verbessert werden können, da sie endgültig sind. Ähnlich wie das Rad, das man auch nicht ein zweites Mal erfinden kann.

Pflastern mit Natursteinen, bzw. das ursprüngliche Pflastern, also mit Spaltrauen Pflaster, Feldsteinen, Lesesteinen, Katzenköpfe und Kieselsteine, ist eine Handwerkskunst, die man zelebrieren und intensiv behandeln muss. Es ist, gerade heute eine eigene, separate Handwerkskunst, die von einem alles abverlangt. In der Ausführung sowie in der Planung/Gestaltung, alles hat seine eigenen Gesetze, die wenn sie nicht eingehalten werden, die Pflasterkunst scheitern lassen.

Nachgeharkt:

Wenn dann in diesem Gewerk von Innovationen die Rede ist, obwohl es schon hunderte Jahre alt ist und im Wesentlichen nicht verändert wurde, bleibt die Frage welche Innovation und was heißt es oder bedeutet es in diesem Gewerk?

Das Pflastergewerk mit dem ursprünglichen, wie schon ganz zu Anfang erklärt, also Spaltraues Pflaster, ist neben der technischen Innovation Segmentbogen, von Friedrich Wilhelm Noll, Innovativ in der Nachhaltigkeit. Denn, wenn man es richtig pflastert, mit der dazu gehörigen Bauweise und dazu auch etwas pflegt, werden Flächen, die gerade ursprünglich gepflastert werden, mindestens 100 Jahre alt, „eher sogar bis 250Jahre alt". Diese Nachhaltigkeit ist einmalig und es betrifft nur dieses Gewerk und die des Fachwerkbaus.

Hinzu kommt des Weiteren noch die Ökologie dazu. Genau so nachhaltig wie dieses spezielle Gewerk ist, genauso ökologisch ist es. Denn es basiert auf natürliche Substanzen, Stein(Fels), Sand(Flusssand) und Wasser. Es benötigt keine Chemischen Fremdanteile wie, Zement oder Epoxide um Flächen Standfest, Begehbar, Befahrbar zu machen, alles kann auf Natürlicher Basis hergestellt werden, auch im 21Jh. Dazu kommt noch eine gewisse Entsiegelung hinzu, die diese Flächen auch gewähren können. Je nach Situation(Bauliche Gegebenheiten) und sogar nach Pflasterverband wie Bsp der Segmentbogen, kann eine Entsiegelung bis zu 90% stattfinden.

Und dies alles und sogar auch noch ein wenig mehr, kann nur das ursprüngliche Pflastergewerk, das im Gewand des 21Jh genauso verwendet werden kann wie im 12Jh. Nur halt ein wenig Zeitgemäßer...

Hinweis:

Zu diesem Buch, empfehle ich als weiterführende Literatur die Bücher, Kunst und Gestaltung in der Praxis eine Handwerkskunst im Focus, Band 2, von 2009, Der Segmentbogen, von 2019 und das Büchlein „Pflaster richtig setzen“, das gleichzeitig Buch und Leitfaden für die richtige Bauweise/Setztechnik für Spaltpflaster beinhaltet.
Zu finden im Verlag edition-winterwork

Nachweis Bilder:

Sämtliche Bilder und dessen Rechte,
außer Seiten

Bild von Seite 3, 38,42, 47 Bild2, 84, 85 sind aus dem Internet

Die Bilder, Seite 30 und 82 Frank Schnitzler(Steinkunst-Schwaben)

Die Bilder, Seite 83 Richard Niesen (Steinkunst-Niesen)

sind von Steinkunst-Sikorski(Robert Sikorski)

Gestalten und Pflastern mit ursprünglichen Materialien, die aus der Natur entspringen. Von Händen zugearbeitete gespaltene Pflastersteine, unterschiedlich in den Formaten, rau und grob im Antlitz und doch in der richtigen Anordnung, eine Harmonie voll Leidenschaft. Mit dieser Kraft entsteht mit Gunst, die Pflasterkunst. „Stein für Stein gesetzte Ordnung"

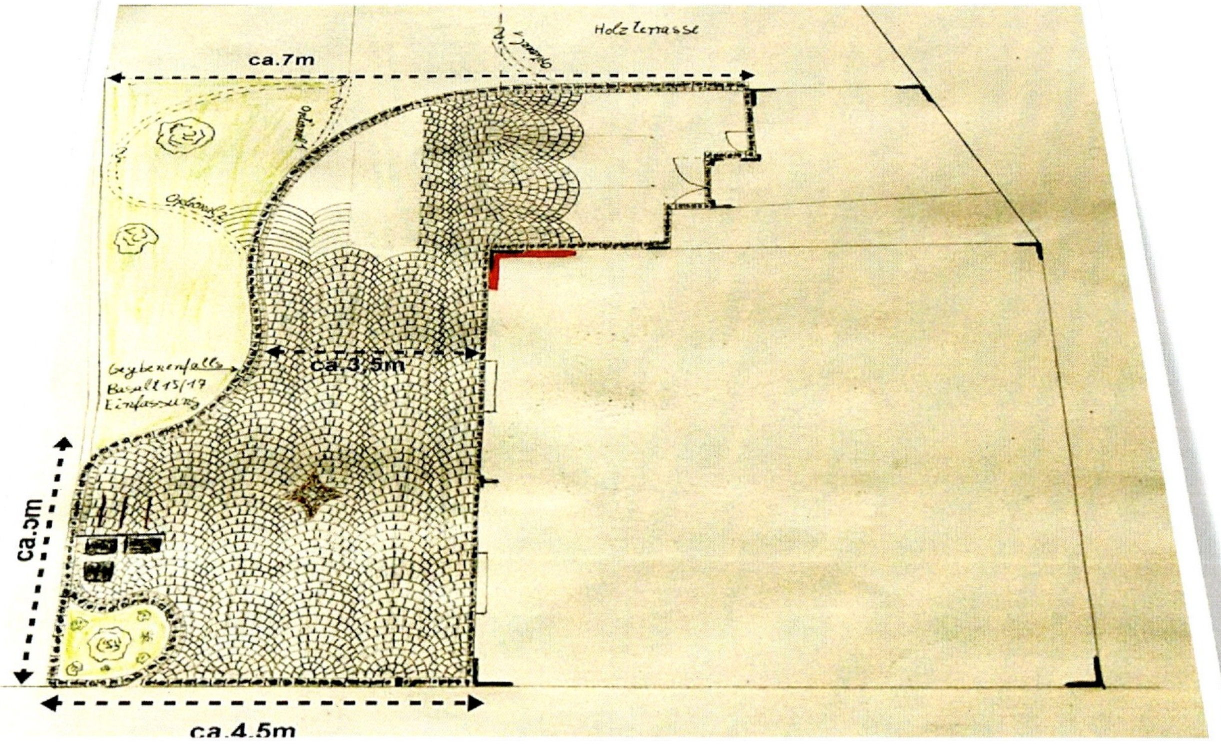